I0068721

RECHERCHES EXPÉRIMENTALES

SUR L'ACTIVITÉ RESPIRATOIRE

DE QUELQUES

FERMENTS ALCOOLIQUES

PAR

M. Firmin PAUMÉS

Docteur en médecine, Licencié ès sciences naturelles,
Ex-Aide des travaux d'histoire naturelle à la Faculté de Médecine de Montpellier (Concours 1880),
Ancien Élève de l'École des Hautes Études au Muséum d'Histoire naturelle (Laboratoire de physiologie générale),
Membre de la Société française de Physique, Membre de l'Université.

TOULOUSE

ÉDOUARD PRIVAT, LIBRAIRE - ÉDITEUR

RUE DES TOURNEURS, 45

1885

RECHERCHES EXPÉRIMENTALES

SUR L'ACTIVITÉ RESPIRATOIRE

DE QUELQUES

FERMENTS ALCOOLIQUES

PAR

M. Firmin PAUMÉS

Docteur en médecine, Licencié ès sciences naturelles,
Ex-Aide des travaux d'histoire naturelle à la Faculté de Médecine de Montpellier (Concours 1880),
Ancien Élève de l'École des Hautes Études au Muséum d'Histoire naturelle (Laboratoire de physiologie générale
Membre de la Société française de Physique, Membre de l'Université.

TOULOUSE

ÉDOUARD PRIVAT, LIBRAIRE-ÉDITEUR

RUE DES TOURNEURS, 45

—

1885

Te 151 31 (2)

A MON ÉPOUSE CHÉRIE

Fuit labori erit honori.

A MONSIEUR LE DOCTEUR NOGUÈS

PROFESSEUR DE CLINIQUE A L'ÉCOLE DE MÉDECINE DE TOULOUSE

MÉDECIN EN CHEF HONORAIRE DES HOPITAUX

Hommage d'affection et de reconnaissance.

CONTRIBUTION A L'ÉTUDE DE LA PHYSIOLOGIE GÉNÉRALE

RECHERCHES EXPÉRIMENTALES

SUR L'ACTIVITÉ RESPIRATOIRE

DE QUELQUES

FERMENTS ALCOOLIQUES

> « L'étude des êtres inférieurs est surtout utile
> à la physiologie générale, parce que chez eux la
> vie existe à l'état de nudité, pour ainsi dire ;
> elle est réduite à la nutrition : destruction et
> création vitales. »
>
> Claude BERNARD.

AVANT-PROPOS

La physiologie de la cellule est le principe de toute physiologie. Pénétré de cette vérité, dans le cours de nos études nous en avons constamment poursuivi la démonstration en portant nos observations sur les phénomènes intimes qui se passent dans les êtres unicellulaires. Parmi les êtres inférieurs, les ferments alcooliques nous ont paru mériter un grand intérêt; c'est vers l'étude de leurs phénomènes biologiques que nous avons dirigé nos efforts.

Ces observations présentaient un grand attrait et leur résultat pouvait nous dédommager des déceptions et des difficultés qui les accompagnaient. Les conseils de nos maîtres dévoués ne nous ont pas manqué dans les circonstances difficiles.

Qu'il nous soit permis de témoigner notre reconnaissance à M. Pasteur, qui a bien voulu nous ramener dans la voie féconde des découvertes; à M. le professeur Rouget, notre bienveillant directeur et maître, qui, par sa bonté et ses vastes connaissances, ne s'est jamais lassé de nous encourager et de nous aplanir les difficultés; à M. le docteur Gréhant, dont les conseils de tous les jours nous ont rendu plus légère notre difficile tâche.

F. Paumès.

INTRODUCTION

ET

HISTORIQUE DE LA RESPIRATION DES FERMENTS ALCOOLIQUES

Depuis longtemps, la science avait reconnu la nature végétale des levures, mais aucune démonstration expérimentale de leur fonction respiratoire n'était encore donnée.

M. Pasteur avait dit, en 1861, « qu'on pouvait faire vivre et se développer la levure, à la condition de lui fournir beaucoup d'air dans un liquide organique non sucré, tel que l'eau de levure : la levure vit alors comme un végétal ordinaire, sans amener aucune fermentation. »

Voici, par exemple, les résultats d'une expérience :

« On ensemence, continue l'illustre savant, dans un ballon à deux cols, une trace de levure dans 150 c. c. d'eau de levure contenant 2,5 % de sucre de lait. Trois mois après, on recherche la présence de l'alcool dans le liquide ; il n'y en a pas la plus petite quantité, et pourtant, en recueillant sur un filtre la levure, on en trouve un

poids de 50 milligrammes à l'état sec. Cette levure s'était donc déve-
loppée sans donner lieu à la moindre fermentation. Elle vivait comme
une moisissure, absorbant l'oxygène et dégageant l'acide carbonique, et c'est même sans doute à la privation d'oxygène qu'il faut
attribuer son développement si lent. »

Cette expérience met en évidence : d'une part, la fonction de
nutrition, de développement et d'accroissement, à l'aide du milieu
nutritif; et, d'autre part, la nécessité de l'absorption d'oxygène et
de dégagement d'acide carbonique.

En 1873, MM. Schutzenberger et Quinquaud publiaient dans les
comptes rendus de l'Académie des sciences une note où ces deux
éminents physiologistes mettent en lumière l'activité de l'absorption d'oxygène par la levure de bière supérieure[1], en dehors
de tout phénomène assimilateur, puisque leur milieu n'est que de
l'eau aérée.

Cette notion de l'activité vitale y est définie : « la quantité
d'oxygène consommée dans l'unité de temps par l'unité de poids de
végétal », et mesurée par le procédé de MM. Schutzenberger et
Risler « au moyen de l'hydrosulfite de soude[2] ».

Voici comment ces savants ont procédé : « de la levure en pâte,
abandonnée en suspension dans l'eau à la température ordinaire
des fermentations, en absorbe complètement l'oxygène, qu'elle
remplace par de l'acide carbonique; et ce qui prouve bien qu'il
s'agit ici non d'un simple phénomène d'oxydation, mais d'un fait
vital, c'est qu'elle perd tout pouvoir absorbant lorsqu'elle a été, au
préalable, chauffée à une température de 60°. »

Pour enlever toute possibilité de doute sur ce phénomène,
MM. Schutzenberger et Quinquaud ont démontré, par un procédé
très ingénieux, que la « levure est capable d'enlever l'oxygène
à des substances qui le tiennent faiblement combiné. Ainsi, quand
on délaye de la levure fraîche, lavée ou non lavée, dans du
sang artériel rouge ou dans une solution d'hémoglobine saturée
d'oxygène, on voit le liquide passer rapidement du rouge au bleu

1. Leurs recherches n'ont porté que sur cette espèce de levure. (*Saccharomyces cerevisiœ, superior.*)
2. *Fermentations,* Schutzenberger.

foncé et au noir; une simple agitation avec de l'air rend au sang sa couleur rutilante, qui disparaît de nouveau, et ainsi de suite un grand nombre de fois quand la levure est fraîche ».

Il est bien vrai, dans cette expérience, que les cellules de levure respirent aux dépens de l'oxygène combiné avec le globule sanguin, comme le font les cellules des tissus dans le corps des animaux. M. Schutzenberger a même pu imiter artificiellement les phénomènes de la respiration à travers le réseau capillaire, en faisant circuler lentement du sang rouge à travers un système de longs tubes creux formés de baudruche mince, et immergés dans une bouillie de levure délayée dans du sérum frais, privé de globules sanguins et maintenu à 35°. On voit le sang sortir noir à l'autre extrémité, tandis qu'il reste rouge lorsqu'on supprime la levure.

En 1875, M. Robin s'exprimait en ces termes : « Les cellules cryptogamiques des levures ou ferments alcooliques se nourrissent et se développent comme tous les cryptogames en général..... L'étude de la fermentation est un paragraphe de celle de la nutrition des plantes qui est un chapitre de la physiologie générale.. . »

Persuadé dès lors que l'analyse complète de ces échanges gazeux était de nature à jeter une certaine lumière sur ces phénomènes analogues, ayant pour siège les cellules qui constituent les tissus des êtres plus élevés, nous avons entrepris de démontrer expérimentalement cette absorption d'oxygène et ce dégagement d'acide carbonique par les ferments.

Le procédé expérimental que nous avons employé diffère, comme nous le montrerons, de celui de M. Schutzenberger. A l'aide de sa méthode d'analyse, le savant professeur du Collège de France a pu déterminer exactement les quantités d'oxygène consommé; mais il n'a pas apprécié l'acide carbonique produit, tandis que nous pouvons évaluer non seulement l'oxygène absorbé, mais l'acide carbonique dégagé; de plus, notre procédé peut être appliqué à l'étude de l'influence des agents anesthésiques ou toxiques sur la vitalité des cellules.

En commençant ces recherches, notre intention était de faire connaître les phénomènes intimes de la respiration, absorption d'oxygène et dégagement d'acide carbonique, et surtout de démontrer l'influence de quelques agents physiques et anesthésiques dans des conditions déterminées. Nous voulions aussi comparer la vie des ferments, êtres unicellulaires, avec la vie des cellules constituant les êtres plus complexes, et en marquer les analogies.

Afin de poser les bases de notre démonstration, nous avons dû fixer l'activité respiratoire de ces êtres dans les conditions normales.

A mesure que nous avancions, leur étude comparative nous a permis d'apporter des documents nouveaux pour différencier les espèces souvent confondues.

Nous avons ensuite étudié quelles sont les conditions physiques les plus favorables et nous avons démontré l'influence de la température et de la pression sur leur activité respiratoire.

Nous nous sommes posé la question de savoir comment pouvait agir l'influence des pressions inférieures à la pression atmosphérique sur la respiration.

Enfin, nous nous sommes attaché à déterminer l'influence de l'éther et du chloroforme sur les phénomènes respiratoires et à constater les altérations de la cellule.

En résumé, notre travail comprend :

1° L'Étude macroscopique et microscopique des levures;

    a Levure de bière supérieure : *Saccharomyces cerevisiæ superior;*
    b Levure de bière inférieure : *Saccharomyces cerevisiæ inferior;*
    c Levure de grains. ou nouvelle levure haute de M. Pasteur;
    d Levure de pain, ou ferment panaire : *Saccharomyces minor* (Engel).

2° La Détermination de l'activité respiratoire de ces mêmes végétaux (Absorption d'oxygène et dégagement d'acide carbonique);

3° La Démonstration de l'influence des variations de température sur l'activité respiratoire des levures;

4° La Démonstration de l'influence des pressions inférieures à une atmosphère sur les phénomènes de la respiration;

5° Celle de l'influence de l'éther et du chloroforme sur les mêmes êtres unicellulaires;

6° Les conclusions tirées des analogies que nous ont présenté les phénomènes étudiés par nous avec les phénomènes que l'on observe dans les éléments des tissus animaux et végétaux.

PREMIÈRE PARTIE

ÉTUDE MACROSCOPIQUE ET MICROSCOPIQUE DES FERMENTS ALCOOLIQUES.

I. *Caractères généraux.*

On appelle levures des végétaux singuliers dont l'origine est encore à peu près inconnue Ces petits organismes n'atteignent la plénitude de leur vie et de leur développement qu'à l'état d'immersion; ils se tassent au fond des liquides où ils vivent, et les couches supérieures sont seules en contact avec le liquide aéré. Ils sont dépourvus de mycélium, et c'est ce qui les distingue des champignons proprement dits. L'absence de matière verte les distingue également des algues inférieures.

Ce qui leur donne un rôle et une importance considérables dans l'économie de la nature, c'est le merveilleux pouvoir de décomposer certaines substances pour s'emparer de l'oxygène qu'elles tiennent faiblement combiné : ils transforment les dissolutions sucrées en liqueurs spiritueuses, phénomène qui consiste à dédoubler le sucre en alcool et oxygène. L'alcool se répand dans le liquide, et l'oxygène utilisé pour la respiration est transformé en acide carbonique.

Nous avons vu, en effet, que la levure de bière supérieure trans-
forme le sang rouge en sang noir, ainsi que MM. Schutzenberger et
Quinquaud l'ont démontré.

Nos recherches spectroscopiques nous permettent de constater
le pouvoir que possèdent les cellules de levure de réduire l'*hémoglobine oxygénée.*

Prenons deux tubes à analyse que nous remplissons d'une solution
d'hémoglobine convenablement préparée pour l'observation. Examinées au spectroscope, ces deux solutions présentent le spectre
caractéristique de l'hémoglobine oxygénée. L'un de ces tubes bien
fermé est conservé comme tube témoin ; dans l'autre, nous ajoutons une faible portion de levure délayée dans de l'eau distillée.

Il suffit d'agiter ce tube, pendant un temps plus ou moins long
suivant les espèces de levure, pour favoriser l'absorption d'oxygène.

Il convient d'attendre que la levure se soit déposée et que le
liquide ait recouvré sa limpidité et sa transparence pour faire
l'examen spectroscopique. Le spectre ne présente plus les deux
bandes caractéristiques de l'hémoglobine oxygénée. Ces deux bandes ont été remplacées par une seule bande qui est la bande de
l'hémoglobine réduite. Pour s'assurer, en effet, de l'action de la
levure, il suffit de comparer ce spectre avec le spectre obtenu par
une solution d'hémoglobine réduite par le sulfhydrate d'ammoniaque.

On pourrait objecter que cette réduction n'est pas due à l'activité vitale de la levure, que l'hémoglobine oxygénée abandonnée à
elle-même perd, au bout de quelque temps, son oxygène et prend
les caractères de l'hémoglobine réduite. Nous répondrons à cette
objection que la solution d'hémoglobine contenue dans le tube-
témoin a été conservée pendant vingt-quatre heures, que, même
après ce temps, elle a présenté les caractères de l'hémoglobine
oxygénée, tandis que la même solution, à laquelle nous avions
ajouté de la levure, avait depuis longtemps déjà présenté les caractères de l'hémoglobine réduite.

Ce pouvoir réducteur appartient à toutes les espèces de levures
étudiées. Son intensité est variable selon les espèces et aussi selon
les conditions physiques (température et pression).

Cette propriété pourrait encore servir à déterminer la capacité respiratoire de ces espèces de cellules, et l'étude en serait, ce nous semble, d'un grand intérêt, appliquée à d'autres cellules végétales.

Nous ne faisons qu'indiquer cette idée, nous proposant plus tard de l'approfondir et d'en démontrer l'importance.

Voyons maintenant comment ces petits organismes se présentent à notre observation microscopique.

Quant à la constitution histologique, les cellules de levure de bière présentent toutes, ainsi que le montrent les figures 1, 2, 3, une membrane.

Celle-ci est mince, élastique, dans les cellules jeunes; elle est plus épaisse dans les cellules vieilles. Elle est composée de cellulose et généralement incolore.

Le contenu de la membrane est constitué par du protoplasma et des vacuoles.

Ces dernières ont l'apparence de cavités creusées au sein de la matière protoplasmique et remplies d'un liquide aqueux incolore.

Le protoplasma incolore, ordinairement homogène dans les cellules jeunes, présente des granulations dans les cellules plus âgées. Ces granulations deviennent très apparentes dans les cellules vieilles ou altérées par l'action de l'éther ou du chloroforme.

Voici les dimensions des cellules observées à un grossissement de 390 :

1° Les cellules grandes de la levure de bière supérieure mesurent, dans leur plus grand diamètre, $0^{mm}0103$;

2° Les cellules moyennes, $0^{mm}0077$;

3° Les cellules petites, $0^{mm}0064$.

Tandis que les cellules de levure de bière inférieure, mesurées avec le même grossissement, et au même moment de leur vie végétative, ont donné les chiffres suivants :

Cellules grandes, $0^{mm}077$;

Cellules moyennes, $0^{mm}006$;

Cellules petites, $0^{mm}005128$.

Les cellules des deux autres sortes de levures dont il est question dans ce travail présentent une constitution histologique sensiblement identique à celle de la levure de bière.

II. *Caractères particuliers.*

Levure de bière supérieure (SACCHAROMYCES CEREVISIÆ SUPERIOR) et *Levure de bière inférieure* (SACCHAROMYCES CEREVISIÆ INFERIOR).

A n'envisager que les formes, et sans se préoccuper de l'âge et du degré de développement des cellules, on n'observe pas de différences sensibles entre ces deux espèces. Il en est autrement, et les différences morphologiques sont plus marquées, si on les compare en ayant égard aux conditions précitées. C'est, sans doute, pour ne pas avoir tenu compte de ces considérations que plusieurs observateurs ont émis cette idée, qu'il n'y avait presque pas de différence entre la levure de bière supérieure et la levure de bière inférieure. Mais, alors même qu'au point de vue morphologique on n'aurait pas constaté entre elles de différences sensibles, serait-ce une raison suffisante pour ne pas les distinguer et n'en faire qu'une seule et même espèce? Nous ne le pensons pas, car lorsqu'il s'agit d'organismes microscopiques dont la constitution anatomique est la même, en apparence, les caractères tirés de leur forme et de leur grandeur importent moins, à notre avis, que les caractères tirés de leurs fonctions : le plus souvent, les différences morphologiques, si difficiles à saisir, peuvent échapper à un observateur patient et habile; il n'en est pas de même des manifestations vitales; presque toujours, en effet, on peut observer les effets physiologiques, les comparer, les interpréter et en tirer de précieux renseignements pour établir la distinction des êtres.

M. Pasteur avait annoncé, en 1860, dans son remarquable Mémoire sur la fermentation alcoolique, qu'il n'y avait pas de différence entre la levure de bière haute et la levure de bière basse.

M. Engel, dans sa thèse sur les ferments alcooliques (1873), a émis une opinion à peu près analogue :

« Les cellules isolées du ferment supérieur ne diffèrent pas sensiblement de celles du ferment inférieur, et, bien que l'on ait soutenu
que les formes ovales et agrandies y dominent, il est difficile d'établir une distinction, car on trouve toutes les formes intermédiaires
qui relient les deux extrêmes. »

On se fondait également, pour établir l'identité des deux levures,
sur ce fait que la levure basse, selon quelques brasseurs, pouvait
être substituée à la levure haute pour faire de la bière et *vice
versa*, qu'on pouvait donc indistinctement se servir de l'une ou de
l'autre pour obtenir la fermentation haute ou basse.

Depuis ses remarquables études sur la bière, M. Pasteur a modifié son opinion. Il se déclare partisan de la distinction des deux
levures et montre, par des expériences irréfutables, l'erreur des
brasseurs, qui prétendaient pouvoir se servir pour la fermentation
haute et basse indistinctement de l'une ou l'autre de ces deux levures.

« Une étude plus attentive, dit le savant professeur de l'École normale, me porte à croire que les deux levures diffèrent l'une de l'autre. En effet, on aurait beau maintenir la levure haute aux plus
basses températures qu'elle puisse supporter, répéter les cultures
dans ces conditions ou élever la température de fermentation par
levure basse qu'on ne réussirait pas à changer la première en la
seconde ou la seconde en la première, à la condition toutefois
qu'elles fussent chacune très pures. »

Cette affirmation, fondée sur l'expérimentation scientifique, a, du
reste, modifié à cet égard la pratique des brasseurs. Aujourd'hui,
en effet, la fermentation haute s'opère dans des bâtiments séparés,
la fermentation basse ayant ordinairement lieu dans les caves, et
les brasseurs affirment qu'ils ne peuvent pas bien conserver leurs
levains de levure basse à la même température que les levains de
levure haute : c'est dans de grandes salles, bien aérées, et exposées
à la température peu variable des rez-de-chaussée qu'ils conservent
leurs levains de levure haute, tandis que les levains de levure basse
sont placés dans des caves rafraîchies par des dépôts de glace.

Nos observations microscopiques d'un grand nombre de levains
nous permettent d'établir qu'il y a une distinction, même morphologique, entre ces deux espèces de levures.

Nous avons, avant de les soumettre à l'expérimentation, fait l'examen de plusieurs centaines d'échantillons de levure haute et de levure basse, provenant tous de la même brasserie. Ces échantillons étaient autant de générations nouvelles de cellules. Afin que la comparaison fût complète, nous avons examiné les cellules de levure haute et de levure basse au même degré de développement, au même âge : le soutirage de la bière ayant eu lieu à la brasserie le samedi, et les levures ayant été mises avec leur levain dans des récipients, où on les conserve pour une prochaine fermentation, le lundi nous avons pris de ces levures et, après en avoir pressé une certaine quantité, nous avons fait les observations microscopiques comparatives. Répétées un grand nombre de fois et toujours dans les mêmes conditions, ainsi nous avons acquis la certitude d'avoir bien observé les différences des deux espèces de levûres.

Elles présentaient toujours les caractères de cellules jeunes, fraîches, en pleine activité de bourgeonnement. (Voir A, B, *fig.* 1 et 2.) Ces deux figures ont été prises à cette période de développement, à un grossissement de 390 et dessinées aussitôt à la chambre claire.

Lorsqu'on compare les côtés A, B, des figures 1 et 2, que l'on considère les cellules isolées du côté B, ou disposées en îlots comme le représente le côté A, leur différence est appréciable.

En effet, les cellules de levure haute (*fig.* 1, A et B) ont une forme presque sphérique ou très peu allongée, d'une grosseur toujours un peu supérieure à celle des globules de levure basse; et bien que l'on observe toutes les dimensions intermédiaires qui relient les extrêmes, on peut affirmer que les globules de grande dimension dominent dans la levure haute, tandis que les petits sont en plus grande quantité dans la levure basse.

On remarquera d'une manière générale — et le côté A de la figure 1 en donne une idée assez fidèle — que la levure haute prend une disposition particulière dans son bourgeonnement. Les cellules sont unies par trois, quatre et cinq et par groupes présentant des dispositions arborescentes : jamais la levure basse ne présente cet aspect rameux; on ne voit que deux ou trois cellules réunies entre elles. (*Fig.* 2, A.)

Si à ces caractères morphologiques nous ajoutons les caractères

LEVURE DE BIÈRE SUPÉRIEURE

Fig. 1.   NORMALE

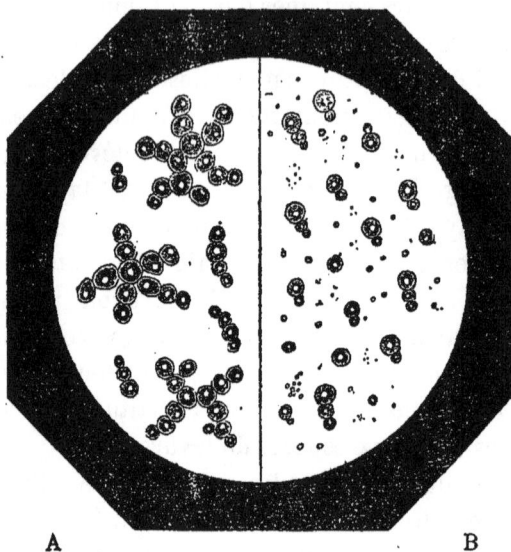

A   B

LEVURE DE BIÈRE INFÉRIEURE

Fig. 2.   NORMALE

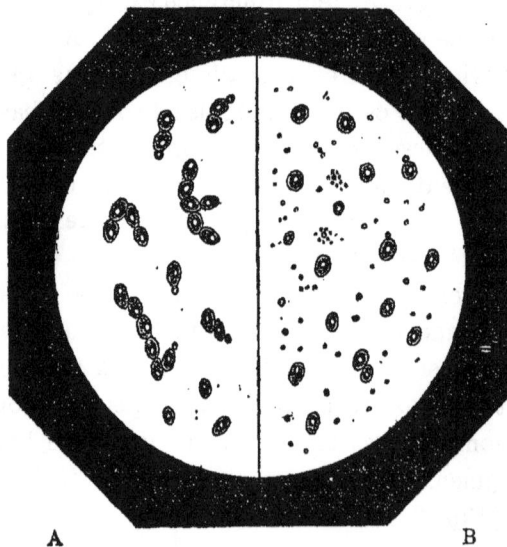

A   B

tirés de leurs fonctions si bien analysés par M. Pasteur[1], on sera obligé de ne plus admettre l'identité des deux levures de bière haute et basse.

Par l'étude comparative de leur activité respiratoire, nous avons montré combien cette distinction, établie par des considérations d'un autre ordre, est justifiée.

Levure de grains, levure française ou nouvelle levure haute de M. Pasteur.

Cette levure provient de la fabrication des eaux-de vie de grains. Il existe en France plusieurs grandes usines de ce genre. L'usine de Maisons-Alfort (environs de Paris) est une des plus importantes. La levure que nous avons étudiée vient de l'une des usines de Marq-en-Barœuil, de Marquette-lez-Lille et de Renescure. D'après les renseignements fournis par le fabricant, cette levure résulte de la distillation des eaux-de-vie de grains de céréales : orge, maïs, seigle, etc.; il n'y a aucune addition de fécule en dehors de celle qui peut s'y trouver mélangée par le fait de la fermentation. Elle est l'objet d'un commerce important, et est utilisée par les pâtissiers, les boulangers, pour aider la fermentation de leur pâte. Les boulangers ne l'emploient que pour faire le pain de luxe ou pain allemand. Cette levure peut se conserver longtemps, dix et même quinze jours pendant les chaleurs de l'été, à condition d'être tenue dans un endroit frais.

Sa conservation doit sans doute tenir à ce que la levure française est mélangée à beaucoup de grains d'amidon. Cette résistance vitale permet de l'expédier assez loin.

En comparant la description donnée par M. Pasteur de la levure fabriquée à Maisons-Alfort avec celle que nous donnons ici, nous avons reconnu que la levure étudiée par nous était celle que M. Pasteur a appelée *Nouvelle levure haute*.

La pâte est friable et cassante, comme celle de la levure basse;

1. M. Pasteur, *Études sur la bière*.

lorsqu'elle est fraîche, elle répand une bonne odeur d'eau-de-vie.

Les dimensions générales des globules sont à peu près les mêmes que celles de la levure inférieure; elle en a aussi la forme, l'aspect ovale et non sphérique (Voir *fig.* 3, A), ainsi que le mode de bourgeonnement (A, *fig.* 3).

Tous ces caractères la distinguent de la levure de bière supérieure.

Elle diffère toutefois de la levure de bière inférieure en ce qu'elle monte à la surface pendant la fermentàtion, et, d'après M. Pasteur, par le goût spécial de la bière qu'elle fournit.

La démonstration de son activité respiratoire concourt également à établir ces différences. Nous verrons, en effet, qu'elle est moins active que la levure haute, et que son facteur vital tient le milieu entre celui de la levure haute et celui de la levure basse.

Nous en voyons encore une preuve dans la pratique. Les pâtissiers l'emploient pour aider la fermentation de leur pâte; ils se garderaient bien d'employer la levure haute, qui serait trop active, et d'un autre côté la levure basse demanderait, pour pouvoir agir efficacement, des températures différentes et une installation spéciale.

Levure de pain, ferment panaire. (Saccharomyces minor, Engel.)

M. Engel, dans sa Thèse de doctorat ès sciences naturelles (1873), est le premier observateur qui ait donné une étude très complète du développement et de la reproduction du ferment panaire.

Son travail nous a servi de guide dans l'étude que nous avons faite de cette levure à un tout autre point de vue.

« Les anciens chimistes, écrit M. Engel, admettaient une fermentation panaire spéciale; mais la chimie moderne a reconnu que la fermentation panaire et la fermentation alcoolique ne sont qu'un seul et même phénomène. Cette idée générale a permis de pouvoir utiliser tous les ferments assez énergiques à la panification; c'est ce qui résulte de toutes les pratiques. »

M. Engel fait ensuite remarquer que, malgré l'importance d'un ferment aussi répandu, personne n'avait eu l'idée de l'examiner au

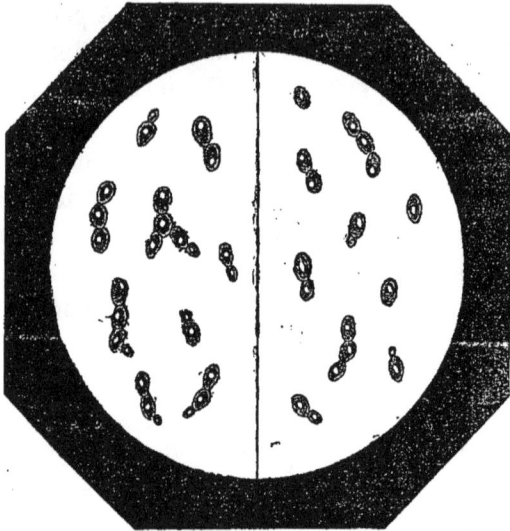

LEVURE DE GRAINS
Fig. 3.   NORMALE

A   B

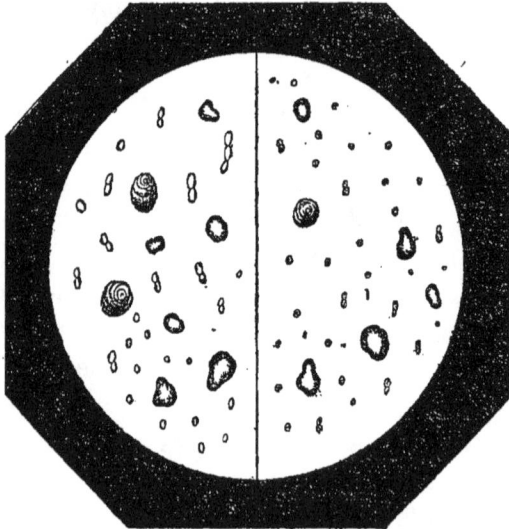

FERMENT PANAIRE
Fig. 4.   NORMAL

A   B

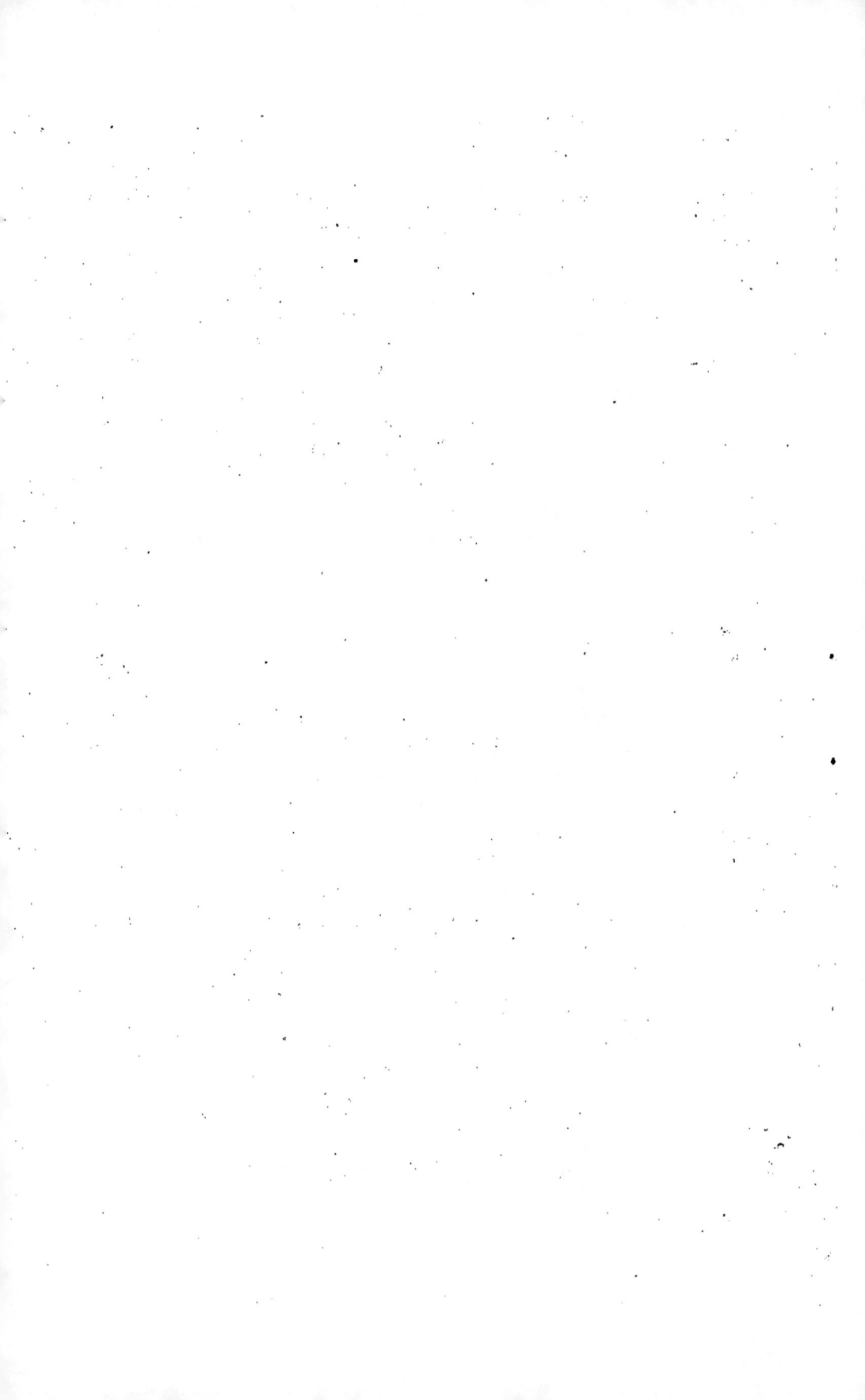

point de vue morphologique. Nous pouvons faire remarquer de même que personne avant nous n'a eu l'idée d'étudier sa fonction respiratoire.

« L'examen de la levure, d'après le savant professeur de Montpellier, est assez difficile dans la pâte même. Les globules du ferment sont en petit nombre, mélangés à une innombrable quantité de grains de fécule de toutes les grosseurs. Pour ceux qui n'ont pas l'habitude des formes, il leur suffira d'ajouter à une minime portion de levain, déjà préalablement dilué dans une grande proportion d'eau, il suffira d'ajouter, dis-je, une gouttelette d'eau iodée : l'amidon se colore en bleu, et le protoplasme des globules du ferment en jaune. Pour en extraire le gluten, il suffit de le malaxer sous un filet d'eau. Il reste alors en suspension de l'amidon, des fragments de son et le ferment. L'amidon, étant plus pesant que le ferment, se précipite d'abord ; on décante, et, en répétant ainsi plusieurs fois l'opération, on obtient bientôt une grande proportion de ferment mélangé encore à un certain nombre de très petits granules d'amidon et de quelques fragments de son. »

Les globules de ce ferment se présentent isolés ou géminés ; quelquefois, mais rarement, par groupes de trois. Leur forme est généralement sphérique ; toutefois, les bourgeons les plus jeunes, encore attachés à la cellule-mère, présentent une forme ovoïde ; mais cette forme est bientôt remplacée par la forme typique. Ces globules ont des vacuoles, mais moins apparentes que celles des autres levures.

Nous avons constaté dans le levain l'existence de deux sortes de cellules, de dimensions différentes. Le diamètre des plus grosses ne dépasse pas 0^{k}00612 ; celui des plus petites est encore plus faible. (*Fig.* 4, A).

M. Boutroux[1], après des observations minutieuses sur les différentes levures, conclut à l'existence de deux espèces de levures dans le levain du pain. Nous n'avons pas cherché à savoir si ces deux sortes de cellules représentent deux espèces distinctes.

---

1. *Sur la Conservation des ferments alcooliques dans la nature*, Boutroux. — Ann. S.-N. Botan , t. XVII, 1884,

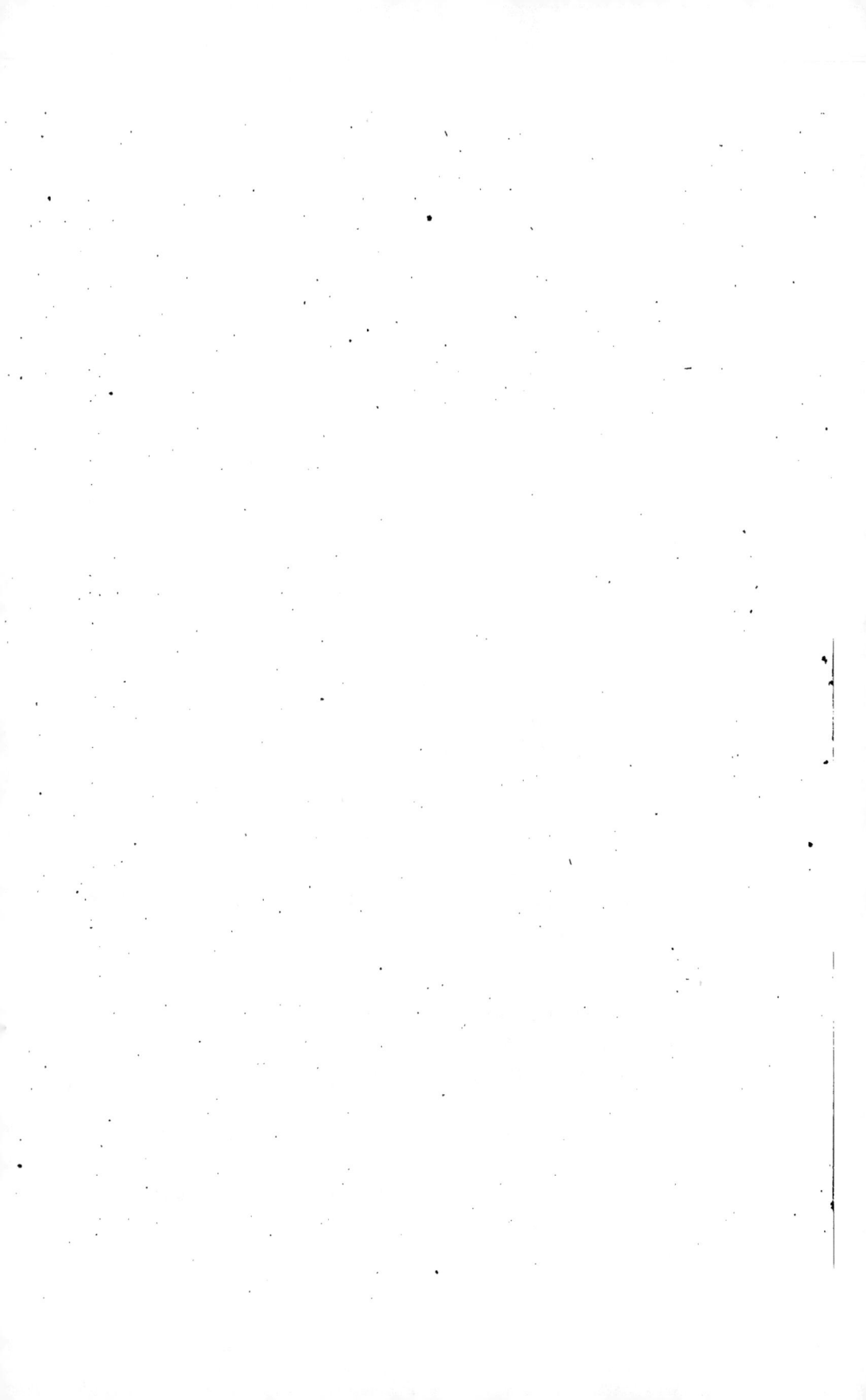

DEUXIÈME PARTIE

CHAPITRE I.

PROCÉDÉ EXPÉRIMENTAL.

Le but principal de nos recherches était de déterminer d'une manière exacte et précise la quantité d'oxygène absorbé et d'acide carbonique dégagé dans l'unité de temps par l'unité de poids; aussi était-il très important de connaître les volumes gazeux transformés par la levure avant et après un temps déterminé. La pompe à mercure faisant le vide à peu près absolu dans les liquides remplissait très bien cette condition. C'est pourquoi nous l'avons utilisée pour extraire les gaz des ballons contenant la levure délayée dans l'eau distillée, avant et après l'expérience.

La pompe à mercure (Voir la planche) est assez connue pour qu'il ne soit pas nécessaire d'en faire la description.

Nous décrirons l'appareil que l'on peut voir annexé au tube latéral de la pompe.

Par le tube DF, nous faisons communiquer la pompe avec notre ballon H.

Les ballons que nous avons employés et dont la forme est représentée en H ont une capacité de 120 à 130 c. c.

Un bouchon de caoutchouc percé de deux trous nous permet de mettre le ballon en communication, d'un côté avec la pompe, et de l'autre, avec l'éprouvette E, qui contient du gaz pour la respiration.

Sur le trajet intermédiaire, entre la pompe et le ballon, nous avons placé un petit barbotteur *e*. Il est destiné à recevoir la mousse qui vient s'y briser et laisser ainsi libre la lumière du tube. Il est, du reste, plongé dans un bain d'eau froide, destinée à briser plus vite la mousse qui se forme pendant l'extraction des gaz.

A l'aide d'un régulateur de M. d'Arsonval, nous avons maintenu constante la température du bain d'eau, à l'influence de laquelle nous voulions soumettre le végétal.

Telle est la disposition des principales parties de l'appareil. Toutefois, afin de compléter cette description, il nous reste à dire quelques mots sur certains détails qui, étant données les difficultés et la délicatesse de ces expériences, méritent de fixer notre attention.

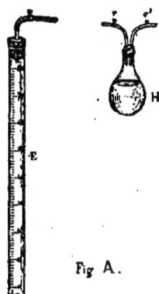

Fig A.

Fig. 5.

Pour éviter les causes d'erreur qu'aurait pu produire l'analyse de plusieurs cloches de gaz provenant d'une seule expérience, nous avons réduit autant que possible la capacité de l'appareil. Pour les ballons, nous avons adopté la capacité de 120 à 130 c. c. Le poids de levure pressée a été fixé à 5 grammes et la quantité d'eau distillée à 100 c. c.

Le tube DF qui relie le ballon H à la pompe a un faible calibre, de sorte que, même avec le petit barbotteur, l'espace compris entre la surface du liquide contenu dans le ballon et la surface mercurielle (espace qu'on peut appeler chambre barométrique) offre une capacité moindre que 100 c. c. Cette capacité peut encore être diminuée en élevant le réservoir mobile à la hauteur du robinet de la pompe.

L'éprouvette E (Voir *fig.* 5) destinée à mesurer le gaz avant l'expérience a une capacité de 80 c. c.; elle consiste en un tube régulièrement calibré ouvert à la base et gradué en c. c. A la partie supérieure ce tube porte un robinet, c'est à l'aide d'un ajutage en caoutchouc qu'on peut adapter l'éprouvette au ballon, afin de faire pénétrer le gaz dans le liquide contenant la levure en suspension.

Cette éprouvette nous a servi dans toutes nos expériences.

Les cloches à recueillir les gaz après l'expérience mesurent 100 c. c.

La pratique nous a permis d'apprécier les avantages de ces dispositions, soit pour diminuer le temps des analyses, soit pour agiter plus efficacement le liquide contenant la levure, afin de maintenir les globules au contact d'un liquide toujours aéré.

Il nous a paru bon de signaler ces détails de manipulation, car nous avons appris que, sans l'observation rigoureuse des plus grandes précautions, on courrait le risque de se tromper dans l'appréciation exacte de ces phénomènes intimes de l'activité respiratoire.

Connaissant l'appareil et les différentes parties qui nous ont servi à l'analyse des gaz, voyons maintenant, par un exemple, comment nous avons expérimenté.

Nous avons pris le levain chez le même brasseur, en ayant bien soin de le prendre toujours jeune et frais. Avant de commencer l'expérience nous examinions la levure au microscope; elle était toujours en pleine activité de bourgeonnement et ne contenait que peu d'impuretés.

Une fois pressée, au moyen d'une petite presse à main et toujours la même, nous en prélevons un poids de 5 grammes. La levure se présente alors sous forme de pâte d'une certaine consistance. Il importait d'obtenir pour chaque série d'expériences la même consistance pâteuse : c'est ce que nous croyons avoir réalisé.

Nous avons délayé ces 5 grammes de levure dans de l'eau distillée (100 c. c.).

Le ballon prêt pour l'expérience, comme on le voit en H (*fig.* 5), on l'adapte au tube latéral DF de la pompe à mercure. On fait le vide, et quand le liquide entre en ébullition, on est sûr d'avoir extrait tout le gaz que contenait le ballon.

Le vide étant obtenu dans le ballon, nous adaptons en *r*, au ballon H, l'éprouvette E, contenant un mélange gazeux, mesuré d'avance.

Aussitôt que la communication est établie, le gaz de l'éprouvette se précipite dans le ballon vide de gaz et aussi dans la chambre barométrique aussitôt que le robinet *r'* est ouvert; alors nous ouvrons le robinet R de la pompe et le gaz vient agir sur la surface mercurielle de la bouteille A.

Lorsque la surface mercurielle de la bouteille mobile B est sur le même plan que la surface de la bouteille A, nous fermons la communication entre l'éprouvette et le ballon en *r*.

Le gaz introduit fait alors équilibre à la pression atmosphérique : aussitôt nous plaçons le ballon dans un bain d'eau dont nous connaissons la température et nous notons le temps. Alors l'expérience commence.

Le volume gazeux contenu dans l'éprouvette est connu; nous mesurons celui qui reste, et par différence nous évaluons le volume de gaz introduit dans l'appareil, soit 75 c. c.

Nous notons la pression barométrique, soit 0,76. La température est égale à 30°.

Afin de tenir les globules toujours en suspension dans le liquide aéré, il faut avoir le soin d'agiter le ballon dans le bain d'eau.

Cette précaution est nécessaire afin de pouvoir apprécier la capacité respiratoire des cellules. On sait, en effet, que les globules étant plus denses que l'eau tendent toujours à tomber au fond.

Au bout d'une demi-heure, nous arrêtons l'expérience, en extrayant les gaz que nous recueillons dans une cloche graduée. Nous cessons l'extraction lorsque le liquide entre en ébullition et que chaque coup de pompe ne nous donne plus qu'une très faible bulle.

Nous en faisons l'analyse sur la cuve à mercure.

La cloche, plongée dans la cuve profonde, y séjourne quelque temps afin que le gaz prenne la température du mercure.

Nous faisons la lecture en ayant soin de prendre la tangente au ménisque mercuriel dans la cloche, soit 79 c. c.

Avec une pince courbe nous introduisons sous le mercure, dans la cloche, un fragment de potasse en cylindres.

Nous agitons la cloche afin de faire absorber le gaz acide carbonique par la solution de potasse. Après plusieurs lectures qui nous indiquent qu'il n'y a plus d'acide carbonique parmi les gaz, nous notons le chiffre 75 c. c. par exemple.

A l'aide d'une pipette nous ajoutons une certaine quantité d'acide pyrogallique (solution toujours fraîchement préparée).

Il se forme avec la solution de potasse un composé qui n'est autre que du pyrogallate de potasse. Cette solution saline est très avide d'oxygène. En effet, après avoir agité la cloche de manière à faire barbotter le gaz dans cette solution, on obtient une diminution de la colonne gazeuse et le mercure monte dans la cloche. On est sûr que tout l'oxygène a été absorbé quand, après plusieurs lectures, on arrive à constater toujours le même volume gazeux, soit 60 c. c.

Nous avons donc pour l'analyse le résultat suivant :

Air atmosphérique introduit; 75 c. c. dont 15,6 d'oxygène et 59,4 d'azote. Après l'expérience, nous avons recueilli un volume gazeux de 79 c. c., qui se décompose comme il suit après l'analyse :

Volume gazeux............................	79 c. c.
Après addition de potasse....................	71 —
Après addition d'acide pyrogallique...........	60 —

Il y avait 8 c. c. d'acide carbonique provenant de la respiration.

Nous retrouvons 11 c. c. d'oxygène; nous en avons introduit 15 c. c.; la levure a converti 4 c. c. en acide carbonique en 30 minutes.

On peut ramener l'expérience à cette formule générale :

5 grammes de levure délayée dans 100 c. c. d'eau distillée ont absorbé, à la pression atmosphérique de 76,4 et à la température de 30°, en trente minutes, 4 c. c. d'oxygène et dégagé 8 c. c. d'acide carbonique.

Nous avons répété plusieurs fois la même expérience sur les mêmes échantillons de levure, et les chiffres que nous indiquons expriment la moyenne des résultats obtenus.

Voici, par exemple, comment ces résultats ont été obtenus.

Dans une première expérience, 5 grammes de levure de bière supérieure, pressée, à la température de 20° et à la pression de 0,76°2, ontabsorbé, en trente minutes, 4 c. c. 3 d'oxygène et produit 5,8 d'acide carbonique. Dans une seconde expérience, 'e même poids de levure a, dans des conditions identiques, absorbé 4,1 d'oxygène et produit 5,4 d'acide carbonique. Dans une troisième expérience sur le même poids de la même levure, la quantité d'oxygène absorbée a été représentée par 3 c. c. 9 d'oxygène absorbé et par 5,1 d'acide carbonique produit.

Par un calcul très simple, nous évaluons la moyenne de ces résultats, soit 4 cc. 09 d'oxygène absorbé et 5,4 d'acide carbonique produit.

Nous avons souvent conservé jusqu'au lendemain les ballons préparés la veille ; même après ce temps, la capacité de la levure n'était pas sensiblement amoindrie.

La levure n'était point altérée, car elle pouvait non seulement respirer, mais encore provoquer la fermentation, si on la mettait en présence d'une dissolution de glucose.

CHAPITRE II.

DÉTERMINATION DE L'ACTIVITÉ RESPIRATOIRE DES LEVURES.

Nous avons vu que la levure était un végétal unicellulaire constitué par une membrane d'enveloppe, du protoplasma et une ou plusieurs vacuoles. Le protoplasma étant *la base de la vie*, ces êtres doivent être regardés comme des organismes complets ; par suite, ils présentent deux ordres de phénomènes : des phénomènes de création ou organisation et des phénomènes de destruction fonctionnelle. On sait que placés dans un milieu convenable ils se nourrissent, se multiplient et se détruisent. Ce sont des êtres vivants comme tous les êtres organisés, même les plus élevés.

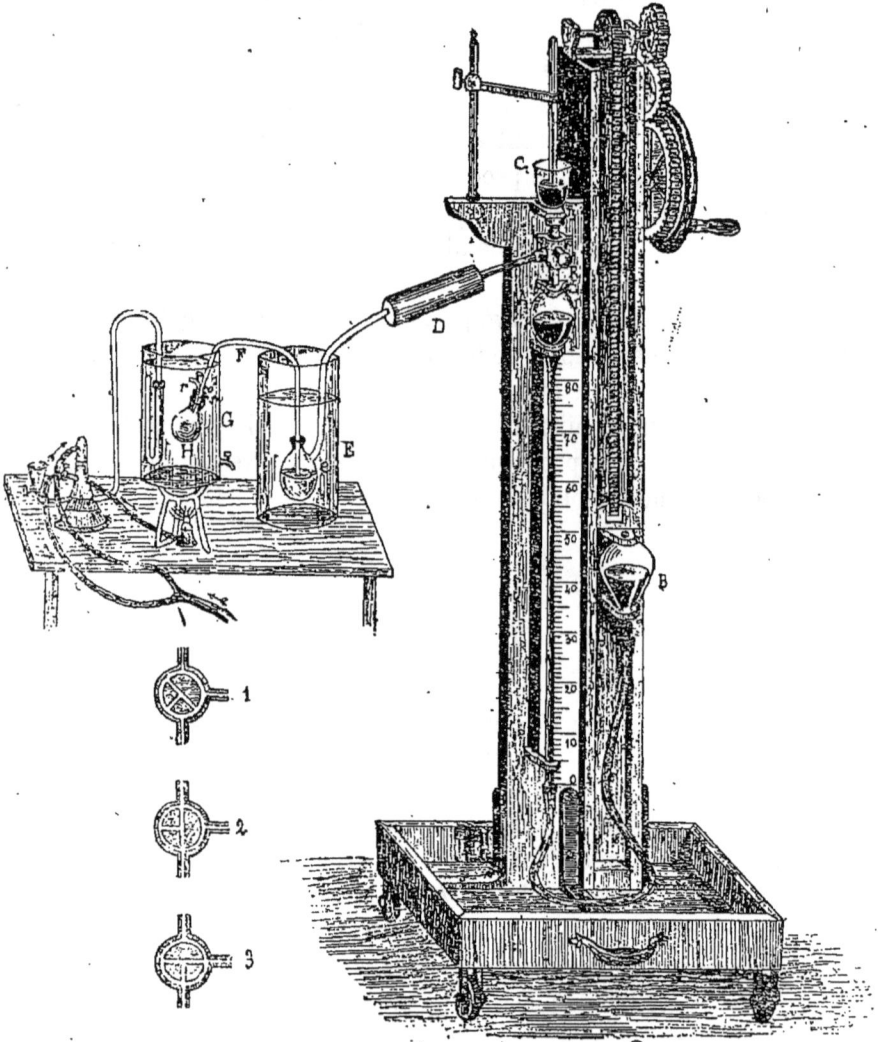

C

D

F

G

r

H

S

E

B

80
70

60

50
40

30

20

10

0

1

2

3

3

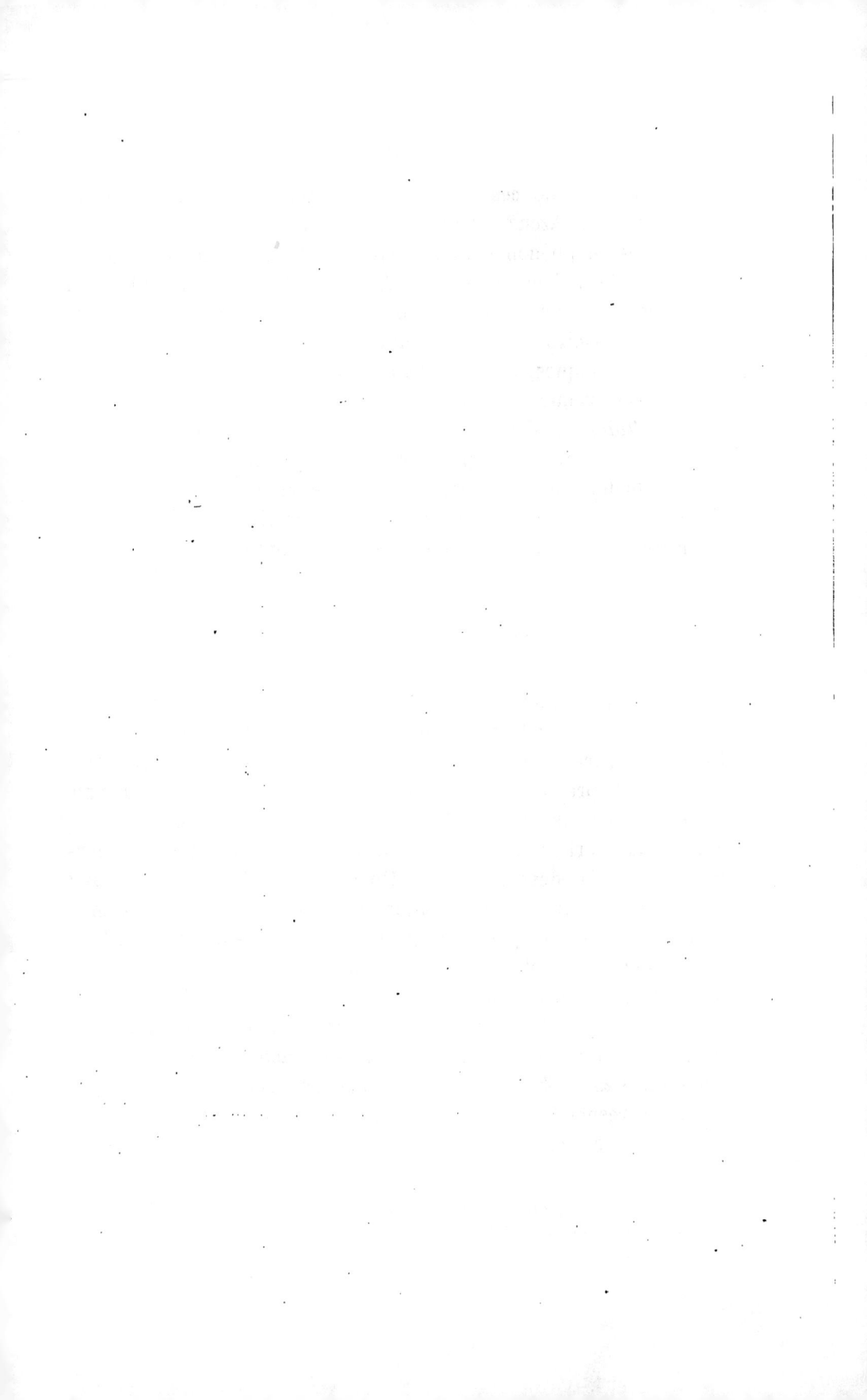

Lorsqu'on étudie ces organismes végétaux au point de vue de leurs échanges gazeux, on ne constate, à la lumière comme à l'obscurité, que le phénomène d'absorption d'oxygène et de dégagement d'acide carbonique, c'est-à-dire un phénomène de combustion et une perte de substance. Ce phénomène, qui mérite véritablement le nom de respiration, est commun à tous les êtres, à tous les éléments anatomiques, végétaux ou animaux.

Nous savons que les fleurs, les bourgeons, les racines, les **graines** et les *cellules des fruits* (d'après M. le professeur Gayon[1] et d'autres observateurs) ont le pouvoir de respirer. L'absorption d'oxygène et le dégagement d'acide carbonique par les tissus vivants est devenu depuis longtemps un axiome incontesté.

Entrons maintenant dans l'analyse de nos expériences.

Levure de bière supérieure.

Il était très important, pour obtenir la plus grande précision dans la détermination de la capacité respiratoire, d'avoir une levure toujours jeune, fraîche et en pleine activité; c'est pourquoi nous avons eu le soin de prendre du levain bien conservé. Dans toutes nos expériences nous nous sommes assuré de la pureté de la levure.

Dans la fabrication de la bière, on ne peut provoquer la fermentation qu'au-dessous de 25°. Nous savons, depuis les travaux de M. Pasteur, que la fermentation est le résultat de l'activité nutritive de la levure, par conséquent on peut dire que la température la plus favorable à l'activité de la nutrition, du bourgeonnement et de la reproduction est la température de 15 à 25°. Nos expériences sur l'activité respiratoire nous ont permis de déterminer la température qui convient le mieux à cette activité; elle est comprise entre 25 et 35°. Il en résulte donc que l'optimum de température correspondant à la fermentation ne serait pas le même que l'optimum de température le plus favorable à l'activité respira-

---

[1]. *Action des vapeurs toxiques et antiseptiques sur la fermentation des fruits.* C. R. Acad. des Sciences, 1877.

toire, le premier variant de 15 à 25' et le second étant compris entre 25 et 35°.

Le tableau suivant exprime les résultats que nous avons obtenus dans les différentes expériences. Il fait connaître que 5 grammes de levure de bière supérieure fraîche, pressée et délayée dans 100 c. c. d'eau distillée, ont absorbé, dans les conditions de pression normale et à la température de 26°, 4 c. c. 4 d'oxygène et dégagé 5,3 d'acide carbonique; à 30°, 4 c. c. 3 d'oxygène et dégagé 5 c. c. 8 d'acide carbonique; à 35°, 3 c. c. 8 d'oxygène, et 4 c. c. 7 d'acide carbonique.

Levure de bière supérieure.

Température.	Air pur, sans CO^2, avant.	Volume gazeux après.			Oxygène consommé.	Rapport $\dfrac{CO^2}{0}$
		Azote.	Oxygène.	Acide carbonique.		
20	71,57	58,8	12,8	4,4	2,07	2,12
22	63,2	55	7	11	2,2	5
23	63,49	60	8,4	5,6	4,8	1,16
26	79	67	8,4	6,8	4,6	1,5
29	91,6	73,6	14,6	3,8	4,3	0,88
30	78,06	66,4	9,4	4,2	4,7	0,92
35	68,9	53	10,4	5,8	3,9	1,5
39	63,6	54,4	11,2	6,4	3,08	2,08
42	68,9	54,6	10,5	7,4	3,8	1,98

Constantes...
- Volume d'eau distillée.............. 100 c. c.
- Poids de levure pressée............ 5 grammes.
- Durée de l'expérience.............. 30 minutes.
- Pression moyenne................. 0,76.

Cette levure contenait pour cent de résidu sec de 24,2 à 26,61.

Ces résultats[1] confirment ce qui est dit plus haut, que la température la plus favorable à l'activité respiratoire de ces cellules se trouve comprise entre 25 et 35°, toutes choses étant égales, tandis que d'après les études sur la fermentation, la température la plus convenable, selon M. Pasteur, varie entre 15 et 25° pour la levure de bière supérieure.

1. Les nombres que nous donnons sont la moyenne des volumes gazeux obtenus dans plusieurs expériences faites, dans les mêmes conditions, sur les mêmes échantillons de levure.

2° *Levure de bière inférieure.*

Cette espèce de levure n'avait pas encore attiré l'attention des physiologistes, elle était regardée comme identique à la levure haute. Nous avons dit plus haut comment M. Pasteur avait été amené à en faire une espèce distincte.

Cet être unicellulaire, plus petit que le *Saccharomyces cerevisiæ superior,* présente, lui aussi, le phénomène d'absorption d'oxygène et de dégagement d'acide carbonique.

Examinées au microscope, les cellules se présentent à notre observation fraîches, jeunes, de bel aspect et bourgeonnant.

D'après le tableau suivant, on peut voir que la levure basse a un facteur respiratoire tout différent de celui de la levure haute. La quantité d'oxygène consommé et d'acide carbonique dégagé, dans les conditions de pression et de temps indiquées, n'a pas été sensiblement modifiée depuis 15° à 30°. Pour cette espèce de levure, ces quantités sont représentées par 2 c. c. 9 d'oxygène et 3 c. c. d'acide carbonique à 15°; par 2 c. c. 2 d'oxygène et 2 c. c. 9 d'acide carbonique à 21°; par 2 c. c. 9 d'oxygène et 3 c. c. 7 d'acide carbonique à 30°.

Levure de bière inférieure.

Température.	Air pur, sans CO^2, avant.	Volume gazeux après.			Oxygène consommé.	Rapport $\dfrac{CO^2}{0}$
		Azote.	Oxygène.	Acide carbonique.		
8	69,9	55,8	13	4,2	1,6	2,25
12	69,6	55,3	12,7	3,7	2,7	1,37
15	57,5	43,6	8,4	2	2,9	0,68
21	59,8	47,6	10,2	2	2,21	0,9
24	52,5	74	14,6	3,4	2,6	1,3
25	78,8	72,2	15,6	12,4	3,07	4,03
30	100,6	79,8	13	18	2,9	6,2
35	60,9	56	12,9	4,7	1,6	2,9
36	66	52,2	12	5	1,7	2,9

Constantes....
- Volume d'eau distillée............. 100 c. c.
- Poids de levure pressée.......... 5 grammes.
- Durée de l'expérience............. 30 minutes.
- Pression moyenne................. 0,76.

Cette levure contenait pour cent de résidu sec 25,04 — 26,07 — 28,03.

La capacité respiratoire de la levure de bière inférieure est moindre que celle de la levure de bière haute et la température la plus favorable à sa respiration n'est plus celle qui convient à cette dernière.

Nous avons vu que la levure haute doit être employée pour la fabrication de la bière à une température variant entre 15 et 25°, et même un peu moins, tandis que la levure inférieure aime des températures plus basses. Sous le rapport de la fonction respiratoire, nous trouvons les mêmes différences.

Les températures qui conviennent le mieux à la fonction de la respiration ne sont plus celles qui conviennent à la fermentation; pour la fabrication de la bière, la levure basse ne peut être employée qu'à 7, 8 et 9° au plus, tandis que la température la plus convenable à la respiration varie de 15 à 30°.

La distinction entre les deux levures se confirme ainsi d'une manière évidente.

Le tableau qui précède fait connaître la quantité d'oxygène absorbé et la quantité d'acide carbonique dégagé pendant la durée de l'expérience.

Levure de grains, levure française ou nouvelle levure haute de M. Pasteur.

La levure de distillation des eaux-de-vie de grains est mélangée à beaucoup d'amidon, mais elle contient moins d'impuretés que les levures précédentes, impuretés qui consistent en fragments de grains de houblon, cristaux d'oxalate et débris de caramel; nous pensons que ces éléments étrangers à la levure de bière ont exercé une influence sensiblement égale à celle du mélange d'amidon dans la levure de grain, sur la détermination du poids absolu de levure [1] pressée, et par là même sur l'évaluation de la capacité relative de leur pouvoir respiratoire.

Ainsi qu'on peut le voir dans le tableau suivant, dont les résultats ont été obtenus à l'aide du même mode expérimental, les cellules de

---

1. Nous en avons fait le contrôle par la numération des globules dans un même poids donné.

la levure de grains n'offrent pas un facteur respiratoire typique : ce facteur tient le milieu entre celui des deux levures précédemment étudiées et se rapproche de celui de la levure basse.

Ici, la température la plus favorable à son activité respiratoire varie de 20 à 30°, tandis que cette levure est utilisée pour la fermentation à une température qui ne doit pas dépasser 20°; cela résulte des études de M. Pasteur et aussi de la pratique des pâtissiers, qui l'emploient pour aider la fermentation de leur pâte.

Nous avons vu que par ses caractères morphologiques la levure de grains se rapprochait beaucoup de la levure de bière inférieure; elle s'en rapproche aussi par son facteur respiratoire.

Par son mode de fermentation, elle tient de la levûre haute, et comme elle se plaît assez dans les degrés un peu élevés de l'échelle thermométrique. En effet, cette levure a absorbé, à 15°, 2 c. c. 9 d'oxygène et dégagé 3 c. c. 1 d'acide carbonique; à 25°, 2 c. c. 1 d'oxygène et dégagé 1 c. c. 2 d'acide carbonique; à 35°, 2 c. c. 9 d'oxygène et dégagé 4 c. c. d'acide carbonique.

Cela ressort des chiffres énoncés dans le tableau suivant.

Levure de grains.

Température.	Air pur, sans CO_2, avant.	Volume gazeux après.			Oxygène consommé.	Rapport $\dfrac{CO_2}{0}$
		Azote.	Oxygène.	Acide carbonique.		
10	71,9	56,4	12,8	2	2,15	0,93
15	5,75	43,6	8,4	2	2,93	0,58
22	62,9	42	9	2	2,024	0,53
25	49,6	39,4	8,2	3,4	2,13	1,5
29	63,0	50	10,7	3,3	2,404	1,4
30	52,0	44,26	8,8	1,8	2,016	0,9
33	71,7	57,8	13,2	3	1,714	1,7
35	57,6	45,8	9	4	2,9808	1,4
40	71,1	58,8	13,2	2,4	1,588	1,6

Constantes ... $\left\{\begin{array}{l} \text{Volume d'eau distillée............. 100 c. c.} \\ \text{Poids de levure pressée.......... 5 grammes.} \\ \text{Durée de l'expérience:............ 30 minutes.} \\ \text{Pression moyenne............... 0,76.} \end{array}\right.$

Cette levure contenait pour cent de résidu sec de 30 à 35.

Levure de pain, ferment panaire (Saccharomyces minor, Engel).

La levure de pain, très bien connue au point de vue morphologique, n'a pas été étudiée au point de vue physiologique. Nous avons essayé de déterminer son activité respiratoire avec la même méthode que celle que nous avons appliquée à l'étude des autres levures.

Le levain, tel qu'il se trouve chez les boulangers, est mélangé à beaucoup de gluten, de grains d'amidon de toutes les dimensions. Nous avons soin de le débarrasser du gluten et d'une certaine quantité de grains de fécule ou amidon. Voici comment nous procédons. Nous prenons du levain chez le même boulanger (ce boulanger ne se servait pas d'autres levures), et, après nous être assuré qu'il est frais, nous le délayons dans de l'eau distillée. Afin de détacher le gluten, nous le malaxons : le gluten tombe au fond du vase. L'examen microscopique nous révèle, disposés par ordre de densité, des grains d'amidon, des globules de levure et du gluten. En décantant dans un vase, on le débarrasse d'une partie des grains d'amidon, puis on laisse reposer jusqu'au lendemain. Nous recevons sur un filtre l'eau et une partie du dépôt, sans arriver à la couche de gluten, parce que l'expérience nous a appris que les couches supérieures du dépôt moyen étaient riches en globules de levures.

Cela fait, nous pesons ce qui a été déposé sur le filtre et nous en prélevons une quantité déterminée, pour la soumettre à l'expérimentation en suivant les mêmes indications que pour les autres levures. La pâte se présente très fluide, et sa consistance ne peut pas être comparée à la consistance de la pâte des autres levures soumises à l'action de la presse. En jetant un coup d'œil sur le tableau suivant, on peut voir combien l'activité respiratoire est faible. En effet, dans les mêmes conditions expérimentales, l'absorption d'oxygène est représentée par 1 c. c. 2; 1 c. c. 3, elle n'atteint jamais 2 c. c., tandis que ce dernier nombre est le chiffre moyen pour les autres espèces.

Levure du ferment panaire.

Température.	Air pur, sans CO², avant.	Volume gazeux après.			Oxygène consommé.	Rapport CO² / 0
		Azote.	Oxygène.	Acide carbonique dégagé.		
16	62,5	49,5	9,46	2,4	1,54	1,5
19	59,4	47,05	11,12	2,2	1,238	1,7
20,21	59,6	47,21	10,95	1,8	1,444	1,78
20	72	57,03	14,07	1,4	0,90	1,55
30	75	59.4	15,68	1,5	0,928	1,72
33	78	61,78	14,79	2,3	1,43	1,6
36	80	63,4	15,38	2,2	1,127	1,9

Constantes...
- Volume d'eau distillée............ 100 c. c.
- Durée de l'expérience............ 30 minutes.
- Pression moyenne............... 0,76.
- Poids de levure pressée.......... 5 grammes.

Cette levure contenant pour cent de résidu sec 57,4 — 58 — 61,2.

Ce tableau nous fait connaître la température la plus favorable à sa fonction respiratoire. Cette température varie de 20 à 35°. Ce n'est plus la même que pour la fermentation, qui varie, d'après la pratique des boulangers, entre 15 et 25°.

En résumé, si on voulait classer ces différentes levures d'après leur activité respiratoire, on devrait, d'après nos résultats, les ranger dans l'ordre suivant : au premier rang, la levure de bière supérieure ; au deuxième rang, la levure de bière inférieure et la levure de grains, et enfin, au troisième rang, la levure de pain ou ferment panaire ; et, s'il était permis de caractériser par une épithète ce pouvoir respiratoire, nous croyons pouvoir le désigner par les mots de *grand* pour la levure de bière supérieure, *moyen* pour les deux autres, *faible* pour le ferment panaire.

CHAPITRE III.

CONDITIONS FAISANT VARIER L'ACTIVITÉ RESPIRATOIRE.

§ 1. — *Influence de la température.*

Parmi les conditions physiques, la plus importante est sans contredit la température. La plupart des physiologistes qui ont observé les phénomènes vitaux, soit chez les organismes supérieurs, soit chez les organismes inférieurs, ont remarqué que la température était un agent modificateur de la fonction étudiée. Quelques observateurs ont prétendu que ce qui caractérisait l'être vivant était son indépendance vis-à-vis des phénomènes extérieurs. S'il y avait encore des partisans de cette idée, il suffirait de leur répéter l'opinion de Claude Bernard : « L'influence des milieux est générale, et aucun être n'y échappe; mais cette influence, pour être efficace, doit s'exercer sur les éléments organiques eux-mêmes. »

L'influence de la température a été établie pour les phénomènes de nutrition de la cellule de levure de bière par tous les physiologistes ou chimistes qui ont étudié le phénomène de la fermentation.

Il est reconnu, depuis les remarquables études de M. Pasteur sur la fermentation alcoolique, que l'influence des milieux est grande; que tel être se développe et s'accroît dans des conditions spéciales, et sous l'influence de telle ou telle température déterminée. Tous les observateurs qui veulent faire des cultures d'êtres microscopiques cherchent à connaître par des essais souvent infructueux les milieux convenables à leur développement et la détermination de la température la plus favorable est une de leurs principales préoccupations.

Telle a été aussi la nôtre dans la détermination de l'activité respiratoire de ces différents ferments.

Levure de bière supérieure.

Voici comment nous avons procédé[1] :

Sur un même échantillon de levure pressée, nous avons pris trois, quatre fois un poids de 5 grammes. Ces quatre lots délayés chacun dans 100 c. c. d'eau distillée sont mis dans un ballon à expérience. Un de ces ballons est réservé pour servir à l'expérience-témoin. Nous appelons ainsi l'expérience dont les résultats servent de terme de comparaison, parce que la levure est soumise aux conditions physiques (température-pression) le plus favorables à l'activité respiratoire.

Les autres lots sont soumis à l'expérience dans des conditions identiques; seule, la température varie.

Comme nous l'avons déjà fait observer, nous avons répété plusieurs fois la même expérience[2] dans les mêmes conditions et sur le même échantillon. Ainsi, nous avons parcouru tous les degrés de l'échelle thermométrique, depuis le 0 de la fusion de la glace jusqu'à 60°, et voici ce que nous avons constaté :

A partir de 0 à 10°, l'activité respiratoire est faible; elle n'est pourtant pas nulle, elle varie de 0,748 à 0,902 c. c. d'oxygène par gramme et par heure. De 10°, elle augmente graduellement jusqu'à 25°, où elle atteint son maximum et elle est représentée par 1 c. c. 1 et 1 c. c. 4 d'oxygène. L'intensité de la respiration se maintient uniforme jusqu'à 40', baisse de quelques dizièmes de c. c., de 40° à 50; enfin, à 60°, elle devient à peu près nulle.

Si nous rapprochons ces résultats des résultats obtenus par M. Schutzenberger, sur la levure de bière supérieure, on peut voir qu'il y a concordance. En effet, M. Schutzenberger rapporte deux séries d'expériences, et voici comment il s'exprime :

1. Ce mode expérimental a été suivi pour toutes les levures.
2. Le même ballon a servi plusieurs fois.

« Une levure sensiblement fraîche, contenant 26 % de matière solide, a absorbé, par gramme et par heure : à 9°, 0 c. c. 14; à 11°, 0 c. c. 42; à 22°, 1 c. c. 2; à 33°, 2 c. c. 1; à 40°, 2 c. c. 06; à 50°, 2 c. c. 4; à 60°, 0 c. c. 0. »

Une autre levure très fraîche, contenant 30 % de matière solide, a absorbé, par gramme et par heure : à 24°, 2 c. c. 2; à 36,° 10 c. c. 7.

Il ne nous a jamais été donné de rencontrer une levure aussi active.

Ces différences dans les doses d'oxygène absorbé n'ont rien qui nous étonne, car, comme l'admet M. Schutzenberger, « les valeurs des doses d'oxygène consommé, ainsi que la grandeur des variations avec la température n'ont rien d'absolu; elles dépendent d'un facteur particulier, inhérent à la levure, que nous pourrions appeler facteur de vitalité », mais que ce facteur soit grand ou faible, le sens des variations (c'est surtout en ce point que nos résultats concordent avec ceux de M. Schutzenberger) s'est toujours montré le même pour les levures.

Levure de bière supérieure.

Température.	Air pur, sans CO_2, avant.	Volume gazeux après.			Oxygène consommé.	Rapport $\frac{CO_2}{O}$
		Azote.	Oxygène.	Acide carbonique.		
2,3	58,9	46,6	10,4	2	1,8	1,11
4,3	70,9	55	13	4	1,7	2,3
10,12	69,4	56,4	12,2	2,8	2,2	1,3
17	84,9	68	13	4,6	3,34	1,19
18	66,6	53	10,7	5,4	3,1	1,7
20	71,5	58,8	11,8	5,4	3,072	1,75
27	59	46,5	9,6	4	3,4	1,17
30	68,0	66,4	9,4	4,8	4,7	1,02
35	68,9	58	10,4	5,8	3,9	1,4
40	63,4	52,6	9,8	7	3,4	2,06
42	68,9	54,6	10,8	7,4	3,5	2,1
50	58,6	48,6	10,4	9	3,8	2,43
60	64,8	52	12	7	1,4	5,0

Constantes...
- Volume d'eau distillée............. 100 c. c.
- Poids de levure pressée........... 5 grammes.
- Durée de l'expérience............. 30 minutes.
- Pression moyenne. .... 0,76.

Cette levure contenait pour cent de résidu sec de **24,7 — 26 — 25 à 27.**

D'après M. Schutzenberger, la marche des variations pourrait être représentée par une courbe partant de la ligne des abscisses ou des températures vers 9 ou 10°, s'élevant lentement jusqu'à 18, de là rapidement pour atteindre vers 35 une hauteur *maxima* qu'elle conserve jusque vers 60.

Nos résultats se trouvent en harmonie avec ceux de M. Schutzenberger; seulement nous avons noté une légère diminution de quelques dixièmes de centimètres cubes entre 35 et 45°. A part cette nuance, qui ne peut être considérée comme une différence capitale, nous pouvons poser les mêmes conclusions :

1° La température la plus favorable à la fonction respiratoire varie de 20 à 35° centigrades;

2° Une température au-dessous de 20° modifie, en la diminuant, l'activité respiratoire;

3° Une température au-dessus de 35° diminue légèrement l'activité respiratoire;

4° A partir de 60°, la respiration est à peu près nulle.

Levure de bière inférieure.

Nous avons soumis la levure de bière inférieure à l'action de différentes températures, et nous avons pu remarquer que l'absorption d'oxygène et le dégagement d'acide carbonique variait sous l'influence de cet agent.

A partir de 0 jusqu'à 60°, l'activité respiratoire de cette espèce de levure varie sensiblement, ainsi que le dit le tableau.

Température.	Air pur, sans CO², avant.	Volume gazeux après expérience.			Oxygène consommé.	Rapport $\frac{CO^2}{0}$
		Azote.	Oxygène.	Acide carbonique.		
5	72,4	56,6	13,4	2	1,7	1,17
10	36,7	53	13,2	4	1,8	2,2
15	78,8	64	12,2	3,7	2,6	1,4
21	61,4	48,6	11,2	2,2	2,21	1,11
25	85,0	68,4	14,6	9	3,2	2,8
30	100,7	80	18	3,3	2,9	1,13
36	65,7	53	12	5	1,72	2,9
39	80,0	73	17	4,4	1,9	2,3
47	73,9	59,6	13,8	3,6	1,5	2,4
50	61,0	48,9	10,1	12	2,58	4,6
57	60,4	50	12	3	0,50	6,00
60	68,2	55	13,9	2	0,3	6,6

Constantes...
{
Volume d'eau distillée............ 100 c. c.
Poids de levure pressée.......... 5 grammes.
Durée de l'expérience............. 30 minutes.
Pression moyenne. .... 0,76.
}

Cette levure contenait pour cent de résidu sec 18 à 26,07.

De 0 à 10°, la levure de bière inférieure possède un pouvoir respiratoire très faible, puisqu'il se traduit par 0 c. c. 5705 à 0,6735 d'oxygène absorbé par gramme et par heure.

De 10 à 25°, la levure basse atteint son maximum d'activité, puisqu'elle absorbe par gramme et par heure de 0 c. c. 831 à 1 c. c. 063 d'oxygène.

A partir de 25 jusqu'à 30°, l'activité respiratoire se maintient sensiblement uniforme, car elle varie entre 1 c. c. 16 et 1 c. c. 26; mais, à partir de 30, elle diminue légèrement jusqu'à 45 pour rester stationnaire jusqu'à 60, où elle disparaît à peu près entièrement.

On peut en déduire que cette levure se plaît davantage dans les bas degrés de l'échelle thermométrique.

Levure de grains ou nouvelle levure haute de M. Pasteur.

Nous avons déjà fait remarquer que, par leurs caractères morphologiques, les globules de cette levure tenaient de la levure de bière inférieure, et, par les caractères physiologiques, se rapprochaient de la levure de bière supérieure : l'étude de l'influence de la température sur l'activité respiratoire confirme encore cette manière de voir.

D'après les résultats énoncés dans le tableau, on peut voir que ces cellules tiennent le milieu entre les deux espèces de levures de bière supérieure et inférieure.

En effet, l'activité respiratoire est ici représentée à la température de 1° à 10° par 0 c. c. 6 et 0 c. c. 8 d'oxygène ; de 20° à 30° par 1 c. c. et 1 c. c. 3 d'oxygène par gramme et par heure. A partir de 30° à 35° l'absorption d'oxygène ne varie pas. De 35° à 45°, elle diminue, car elle n'est plus que de 1 c. c. 2 à 1 c. c. 1 d'oxygène. A 60°, l'activité respiratoire cesse d'être appréciable.

Levure de grains.

Température.	Air pur, sans CO^2 avant.	Volume gazeux après.			Oxygène consommé.	Rapport $\dfrac{CO^2}{0}$
		Azote.	Oxygène.	Acide carbonique.		
2	77,15	57,4	13,2	1,4	1,602	0,87
3	64,9	52,6	11,8	3,8	1,64	2,3
10	67,6	57	8,71	2	2,93	0,63
12	71,9	56,5	12,8	2	2,15	0,93
18	66,5	53	12	1,2	1,8	0,66
22	52,9	41	9	1,4	2,024	0,7
25	39,6	39,4	8,2	3,4	2,137	1,59
28	44,4	44	8,6	3,4	2,73	1,53
33	71,7	57,8	13,2	3	1,711	1,75
35	57,6	45,6	9,2	4	2,78	1,43
40	71,1	58,8	13,2	2,4	1,588	1,51
45	73,5	59	13,4	5,6	1,88	3,71
50	61,0	48,9	10,8	9,6	1,88	5,3
60	49,4	40	9,4	4,5	0,89	5,00
68	55,5	44,3	10,7	2	0,844	2,30

Constantes...
{ Volume d'eau distillée............ 100 c. c.
{ Poids de levure pressée.......... 5 grammes.
{ Durée de l'expérience............ 30 minutes.
{ Pression moyenne................ 0,76.

Cette levure contenant de résidu sec de 28 à 35 %.

Levure de pain, ferment panaire.

La levure du levain de pain s'est également montrée sensible à l'action des variations de température. En consultant les résultats, on peut remarquer qu'elle a atteint le maximum d'activité à 30°, où elle a absorbé jusqu'à 1 c. c. d'oxygène. A 5°, elle a absorbé 0 c. c. 4 oxygène; à 15°, 0 c. c. 6; à 25°, 0 c. c. 9 d'oxygène par gramme et par heure. Son activité respiratoire n'est plus représentée que par 0 c. c. 8 à 35°; par 0 c. c. 7 à 40°; par 0 c. c. 5 à 45°, et par 0 c. c. 0 à 60°.

Comme chez les autres espèces de levures, la marche de l'activité respiratoire subit les mêmes modifications ; comme elles, la levure de pain possède une température maximum qui convient le mieux aux échanges gazeux.

Ce tableau permet de saisir les différences.

Levure du ferment panaire.

Température.	Air pur, sans CO_2, avant.	Volume gazeux après expérience.			Oxygène consommé.	Rapport $\dfrac{CO_2}{0}$
		Azote.	Oxygène.	Acide carbonique.		
8	58,5	46,4	11,62	1,3	0,558	2,54
14	57,5	45,54	11,64	4	0,32	12,05
19	59,4	47,05	11,96	1	0,395	2,53
24	57,2	45,29	11,56	1,3	0,35	3,07
30	56,1	44,44	11,22	0,9	0,445	2,05
35	60,3	47,76	11,79	0,8	0,718	1,1
39	60,5	47,92	12,39	1,4	0,411	3,4
40	66,4	53,59	12,20	1,6	0,615	2,5
50	67,8	53,70	13,55	1,6	0,545	2,9
55	68,6	55,2	14,2	0,8	0,0	

Constantes...
{ Volume d'eau distillée............... 100 c. c.
Poids de levure .... 5 grammes.
Durée de l'expérience.............. 30 minutes.
Pression moyenne................. 0,76.

Cette levure contenait de résidu sec 58 à 65 °/₀.

La marche de la température pourrait être représentée par une ligne brisée; d'abord progressivement ascendante jusqu'à 30°, où l'activité respiratoire est à son maximum, la ligne subit une légère inflexion jusqu'à 45°, reste parallèle jusqu'à 60°, où l'activité respiratoire cesse d'être appréciable.

D'après ces expériences, on peut conclure que l'activité respiratoire de ces cellules est différente, comme nous l'avons fait remarquer, dans la détermination de leur facteur vital. Ce critérium peut servir à les faire reconnaître; en outre, la quantité d'oxygène absorbé et d'acide carbonique dégagé varie suivant la température et dans le même rapport pour les diverses levures.

Les basses températures n'empêchent pas le phénomène respiratoire de se produire; mais elles en diminuent l'intensité. D'une manière générale, on peut dire que les températures comprises entre 15 et 40° sont le plus convenables à l'acte respiratoire.

A partir de 40 jusqu'à 60°, l'intensité du phénomène est diminuée et même annihilée. La modification de l'activité respiratoire coïncide à cette température avec la mort de la cellule; ce qui montre assez clairement que la cellule de levure, malgré sa résistance vitale, est soumise aux lois générales qui, suivant l'expression de C. Bernard, président aux conditions physiques exerçant leur influence sur tous les organismes.

En effet, l'accroissement de la respiration avec l'élévation de la température a été constaté par de Saussure, par Garreau; mais ces savants n'ont pas observé le phénomène aux températures successives.

Dans ses *Recherches sur la respiration des végétaux* (1864), M. Félix de Fauconpret a fait, pour la première fois, une étude attentive de la respiration des plantes et des fragments de plante. Les résultats sont les mêmes; il signale, de plus, qu'à zéro quelques espèces respirent encore, et même quelques-unes au-dessous de zéro.

La démonstration de ces phénomènes a été également faite par Rischavi (*Bot. Jahrs.*, 1877) en étudiant *les Plantes en germination,* par Askenasy, pour les bourgeons.

Dehérain et Moissan ont obtenu les mêmes résultats sur le *Pinus Pinaster*, et ils ont montré qu'il pouvait absorber de l'oxygène et dégager de l'acide carbonique à zéro.

4

Un botaniste étranger, M. Uloth (1871), a également observé que des graines d'*Acer Platanoïdes* et de *Triticum*, tombées dans une glacière, y avaient germé.

Le développement du *Protococcus Nivalis,* qui vit sur des neiges, est un fait connu de tous. Qui ne sait que le blé ne commence à germer que lorsque la température est au-dessus de 5° ; que la germination du maïs et du haricot exige une température de 9°,5.

On peut donc conclure que chaque fonction ne peut s'exercer qu'entre des limites de température variables pour les différents êtres, et dire, avec Sachs :

« Toute fonction ne commence à s'accomplir que lorsque la température de la plante ou de la partie de la plante considérée atteint un degré déterminé au-dessus du point de congélation des sucs cellulaires, et elle cesse dès que la température dépasse un autre degré également déterminé, qui semble ne pouvoir jamais s'élever d'une façon durable au delà de 50°. »

§ 2. — *Influence des pressions inférieures à une atmosphère.*

Une autre condition physique qui, d'après ce que nous connaissons sur les êtres supérieurs végétaux ou animaux, devait exercer une influence sur les phénomènes biologiques de la levure, c'était la pression. Nous avons pu étudier l'influence qu'exercent sur les phénomènes respiratoires les pressions inférieures à une atmosphère[1].

La pompe à mercure et l'appareil dont nous nous servons pour les expériences *témoin* a été également utilisée pour la démonstration de l'influence de l'air raréfié ; toutefois, comme la chambre barométrique aurait été trop vaste, nous avons modifié un peu le dispositif de l'appareil.

Pour cela, à l'aide d'un tube en T, nous avons adapté latéralement un manomètre. Il est en forme d'U, portant sur la branche plus longue un renflement situé à la naissance de la courbe. Ce

---

1. L'étude des hautes pressions exige un temps considérable et de nombreux appareils ; nous avons l'intention d'en faire l'objet d'un travail assez étendu.

renflement est destiné à servir de réservoir, afin que dans l'ascension du mercure dans la courte branche l'air ne puisse pénétrer et venir troubler l'expérience. Lorsque le vide se fait, une pince à pression fixe la marche ascendante du mercure et l'empêche d'entrer dans l'appareil.

Ces précautions étaient indispensables pour ne pas laisser entrer un gaz non mesuré.

Après avoir fait le vide dans l'appareil, nous faisons entrer la quantité de mélange gazeux fixé d'avance pour telle pression dont nous voulons connaître l'influence sur les cellules de levûres.

Chaque expérience a été précédée d'une expérience *témoin* afin de mieux établir l'influence de l'agent qui variait.

Ces chiffres représentent la moyenne de plusieurs expériences faites sur les mêmes levures dans les mêmes conditions. Nous avons choisi les conditions de température les plus favorables à leur accroissement et à leur activité respiratoire, afin de rendre plus appréciables les différences obtenues par les variations de pression.

Levure de bière supérieure.

Pression.	Tempéra-ture.	Air pur, sans CO_2, avant.	Volume gazeux après.			Oxygène consommé.	Rapport $\dfrac{CO_2}{0}$
			Azote.	Oxygène.	Acide carbonique.		
76,5	16	71,7	58	10,4	5,8	4,5	1,28
59	16	62,10	50	10,1	4,3	3,004	1,43
65	17	63,0	51	11	10	2,1	4,76
58	16	62,5	50,8	9,5	8,3	3,5	2,37
75,9	35	79,01	54,7	10,6	10,7	3,7	2,8
56,6	35	38,4	32	6,2	12,8	1,8	7,11
35,9	35	26,9	22,6	4	9,4	1,6	5,87
29,5	35	19,5	15,6	3	5,8	3,9	1,5
23,1	35	16,05	14,5	3	5	0,43	10,4

Constantes.... { Volume d'eau distillée........... 100 c. c.
Poids de levure pressée.......... 5 grammes.
Durée de l'expérience............ 30 minutes.

Cette levure contenait pour cent de résidu sec de 26,6 à 27,4.

Levure de bière inférieure.

Pression.	Température.	Air pur, sans CO_2 avant.	Volume gazeux après.			Oxygène consommé.	Rapport $\dfrac{CO_2}{0}$
			Azote.	Oxygène.	Acide carbonique.		
76,3	35	59,4	47,6	10,4	11	1,9	5,78
69,7	35	66,5	53,8	12,6	9,6	1,2	8
52,5	35	52,5	42,2	10,2	9,8	0,7	14,0
76,2	29	48,4	38,6	7,4	6,5	2,6	2,5
42	28	38,5	30,6	6,2	4,4	1,8	2,5
76,2	27	66,5	54	12	2,8	1,8	1,5
30,7	27	26	21	5	4,2	0,4	10,5
24,2	27	14,48	13	3	4	0,018	22,22

Constantes.... {
Volume d'eau distillée............ 100 c. c.
Poids de levre pressée.......... 5 grammes.
Durée de l'expérience............ 30 minutes.
}

Cette levure contenait pour cent de résidu sec de 27 à 30.

Levure de grains.

Pression.	Température.	Air pur, sans CO_2 avant.	Volume gazeux après.			Oxygène consommé.	Rapport $\dfrac{CO_2}{0}$
			Azote.	Oxygène.	Acide carbonique.		
76	29	72,5	50,4	10,6	3	2,4	1,26
69,2	28	60,7	48,2	11	2	1,6	1,25
61	28	51,2	40	9	2	1,5	1,3
54,1	31	43,5	36	7,8	3,2	1,2	2,6
75,9	29	54,4	44	8,6	3,4	2,7	1,25
29,5	29	18,9	16,5	3,5	1,5	0,4	3,75
21,9	30	19,9	17,5	3,8	2	0,34	5,8

Constantes.... {
Volume d'eau distillée........... 100 c. c.
Poids de levure pressée.......... 5 grammes.
Durée de l'expérience............ 30 minutes
}

Cette levure contenait de résidu sec pour cent de 35,2 à 36,2.

Levure de pain.

Pression.	Température.	Oxygène consommé.	Acide carbonique dégagé.
76	19	0,63	très faible.
72,5	19	0,50	très faible.
11	20	0,188	
10,5	21	0,17	traces.

Constantes.... { Volume d'eau distillée............ 100 c. c.
Poids de levure en pâte........... 5 grammes.
Durée de l'expérience............ 30 minutes.

Cette levure contenait de résidu sec pour cent 50,4.

D'après ces résultats, on peut voir que la quantité d'oxygène absorbé, toutes choses étant égales d'ailleurs, diminue à mesure que la pression diminue ou même que l'air diminue; la levure cesse de respirer de l'oxygène libre lorsque la pression n'est plus que de 10 à 20 c. pour les différentes espèces.

Il nous a paru, en effet, très important de montrer comment, l'air devenant plus rare, l'activité respiratoire devenait plus faible, et, à la limite, comment les cellules dont la résistance à la mort est si grande passaient de la vie aérobie à la vie anaérobie, ou, pour mieux dire, comment elles continuent à vivre aux dépens de leurs provisions intra-cellulaires; alors commence le phénomène qu'on a appelé *autophagie* de la cellule.

Cette diminution d'absorption n'est autre qu'un effet de l'appauvrissement du milieu en air vital, et ce phénomène se rapproche absolument des phénomènes qu'a observés M. le professeur P. Bert dans ses études sur la pression diminuée.

« En effet, dit Claude Bernard [1], la diminution de pression agit comme un simple agent : les végétaux et les animaux sont d'ailleurs sensibles les uns et les autres à l'action de la dépression. Pour les végétaux, la germination est altérée par degrés ; elle se fait moins vite lorsque la pression s'abaisse, enfin elle se suspend complètement

[1]. *Leçons sur les phénomènes de la vie.*

lorsque la tension de l'oxygène descend au-dessous de 12 centimètres. »

« Ce n'est pas la dépression en tant qu'effet mécanique qui intervient ici, c'est l'appauvrissement en oxygène. On en a la preuve en conservant l'air à la pression normale, mais en l'appauvrissant en oxygène : la germination est progressivement entravée; d'autre part, abaissez la pression, mais en suroxygénant, l'effet ne se produit plus et vous obtenez des germinations avec des atmosphères suroxygénées à 4 centimètres. »

Le tableau suivant indique les résultats que nous avons obtenus dans ces mêmes conditions avec de l'oxygène seulement.

Levure de grains.

	Pression.	Température.	Absorption d'oxygène par grammes et par heure.
1re Série.	2,40	9 à 10	0,01367
2e —	2,40	10 à 15	0,04845
3e —	2,40	19 à 25	0,029296
4e —	2,4	25 à 30	0,035546
5e —	2,40	30 à 40	0,03427
6e —	2,40	35 à 45	0,04722

Ces différents échantillons de levure contenaient 43 gr. 330 % de résidu sec.

En comparant les résultats obtenus par un mélange d'oxygène et d'azote avec les résultats obtenus par l'oxygène seul, le calcul des pressions respectives montre que la cessation des phénomènes respiratoires coïncidait avec la tension de l'oxygène, tension qui pouvait varier pour les levures étudiées entre 2 et 5 centimètres.

Si nous rapprochons ces observations des phénomènes étudiés chez les êtres plus élevés en organisation par M. P. Bert, nous voyons qu'elles sont en parfaite harmonie, et les résultats que nous avons obtenus par l'étude de la respiration sont une confirmation de l'idée générale défendue par ce savant physiologiste, c'est-à-dire que les effets funestes observés chez les végétaux comme chez les animaux sont dus non *à la pression même*, mais à la *tension de l'oxygène*.

§ 3. — *Influence des agents anesthésiques.*

INFLUENCE DE L'ÉTHER SUR L'ACTIVITÉ RESPIRATOIRE DES LEVURES.

Avant de faire connaître les résultats obtenus, nous indiquons les modifications apportées dans le mode d'expérimentation.

Nous préparons avec le même levain deux ballons contenant le même poids de levure pressée, délayée dans 100 c. c. d'eau distillée. La levure du premier ballon nous servira pour l'expérience *témoin,* celle du second sera soumise à l'influence de l'éther. Nous savons déjà comment se fait l'expérience *témoin;* voyons maintenant comment nous avons procédé pour soumettre la levure à l'action de l'anesthésique. Après avoir fait le vide dans nos ballons, nous y introduisons directement une quantité de centimètres cubes d'éther déterminé; nous rétablissons la pression dans le ballon en faisant entrer un gaz neutre, de l'azote par exemple. Afin que l'éther puisse rester soluble dans le liquide, nous avons le soin de maintenir le ballon dans un bain d'eau courante et de l'agiter souvent pour soumettre toutes les cellules de levure à l'influence de l'eau éthérée. Après un temps qui peut varier, suivant la quantité d'éther, nous adoptons le ballon à la pompe à mercure, et l'expérience est faite comme nous l'avons déjà fait connaître. Nous n'avons qu'à signaler l'analyse des gaz après l'expérience.

Les gaz recueillis dans la même cloche graduée sont de l'acide carbonique, de l'oxygène, de l'azote et de la vapeur d'éther. Nous absorbons la vapeur d'éther à l'aide de l'alcool. Il est très important de débarrasser complètement le mélange gazeux de la vapeur d'éther, car sa présence amène des erreurs dans l'analyse. Pour être certain qu'il n'y a plus de vapeur d'éther, il suffit de s'assurer, par plusieurs lectures sur l'eau, de la constance de la colonne liquide.

On se débarrasse de l'eau saturée d'alcool en faisant passer un jet d'eau courante dans la cloche, en ayant soin de ne perdre aucune bulle de gaz. Au bout de quelque temps, le réactif approprié ne décèle plus trace d'alcool dans l'eau contenue dans le tube.

L'analyse des gaz qui restent se fait sur la cuve à mercure comme pour les expériences *témoin*.

De nombreuses expériences faites sur la levure de bière supérieure nous ont permis de présenter les résultats suivants :

	Quantité d'éther en c. c.	Durée de l'action de l'éther.	Température.	Air sans CO², avant.	Volume gazeux après.			Oxygène consommé.	Rapport $\frac{CO^2}{O}$
					Azote.	Oxygène.	Acide carb.		
Levure normale.			29	73,05	67,8	3	4,6	2,1	2,19
Éthérée. 1		24ʰ	28	42,9	43,8	7,6	3,6	1,3	2,76
— 1		15	28	48,2	39	8,5	3	1,7	1,76
— 2		1	23	53,1	45,6	8,9	5	1,5	3,3
— 2		24	28	46,9	57	8	4,8	1,7	2,82
— 3		20	29	70,9	71,6	13,6	7,8	1,16	6,7
— 4		20	28	28,9	44,8	6,4	8,8	0,33	26,6
— 4		20	26	57,3	76,4	8,8	7	0,0	»
— 5		20	29	44,3	75,8	12,1	7,4	0,0	»
— 6		20	28	38,7	56	8,2	16	0,0	»

Constantes....
- Volume d'eau distillée............ 100 c. c.
- Poids de levure pressée.......... 5 grammes.
- Durée de l'expérience............ 30 minutes.
- Pression....................... 0,76.

Cette levure contenait pour cent de résidu sec 25,4 à 26,3.

Conclusions. — 1° L'éther agit sur la levure de bière supérieure en modifiant l'activité respiratoire;

2° Aux doses de 1 c. c. et 2 c. c. °/₀, l'éther est à peu près sans action sur les cellules;

3° Aux doses plus élevées, l'éther a pour action de diminuer d'abord puis de suspendre complètement la fonction respiratoire;

4° Ces mêmes doses n'ont pas pour effet de tuer le végétal.

En effet, si l'on débarrasse les cellules de levure par un courant d'air de la vapeur d'éther, pour les soumettre de nouveau à l'expérimentation, elles ont recouvré la propriété d'absorber l'oxygène libre et de dégager l'acide carbonique. C'est ce qui résulte des nombreuses expériences de contrôle instituées à cet effet; de plus, la levure a le pouvoir de transformer le sucre en alcool.

Elle reprend ses propriétés de nutrition un moment suspendues.

Les levures de bière inférieure, de grains et de pain, sont plus sensibles à l'action anesthésique de l'éther, ainsi qu'on peut en juger par le tableau suivant :

Levure de bière inférieure.

	Quantité d'éther en c. c.	Durée de l'action de l'éther.	Tempéra-ture.	Air sans CO_2, avant.	Volume gazeux après.			Oxygène consommé.	Rappor $\frac{CO_2}{0}$
					Azote.	Oxygène.	Acide carb.		
Levure normale.			30	100,3	79,6	18	5,8	2,9	2
Éthérée.	1	1ʰ	30	71,1	64,6	15,4	13	0,7	15,7
—	1	1	30	89,5	74,2	16,6	15	1,8	8,3
—	1	2	18	70,7	58	16,6	15	0,0	»
—	2	2,15	21	43,9	47	11	3	0,0	»
—	3	2	25	66,5	54,0	13,9	3,4	0,0	»
—	3	3	20	60,5	50,4	12,6	2,6	0,0	»
—	3	20	17	70	59,4	13,2	2,4	0,43	5,58
—	3	24	25	56,3	46,8	12	11	0,5	22,0

Constantes....
$\begin{cases} \text{Volume d'eau distillée...........} & \text{100 c. c.} \\ \text{Poids de levure pressée..........} & \text{5 grammes.} \\ \text{Durée de l'expérience............} & \text{30 minutes.} \\ \text{Pression......................} & \text{0,76.} \end{cases}$

Cette levure contenait pour cent de résidu sec 34,3 à 35,6.

Conclusions. — 1° A la dose de 1 c. c. °/₀ d'éther, la fonction respiratoire est ralentie ;

2° A la dose de 2 à 3 c. c. °/₀, la fonction respiratoire est tantôt diminuée et tantôt suspendue ;

3° Aux doses de 4 à 5 c. c. °/₀, la fonction respiratoire est généralement suspendue ;

4° Ces doses n'ont pas pour effet de tuer le végétal.

C'est ce qui résulte de toutes nos expériences. Après avoir débarrassé les globules de levure de la vapeur d'éther soit par un courant d'air, soit en abandonnant le liquide dans une étuve et avoir expérimenté de nouveau sur la levure, nous avons constaté qu'elle était capable de respirer et de transformer les solutions sucrées en liqueurs spiritueuses.

Pour la levure de grains les conclusions sont les mêmes.

	Quantité d'éther en c. c.	Durée de l'action de l'éther.	Température.	Air sans CO², avant.	Volume gazeux après.			Oxygène consommé.	Rapport CO²/0
					Azote.	Oxygène.	Acide carb.		
Levure normale.			25	70,3	60,2	9,1	3	2,1	1,4
Éthérée.	1	1	25	61,4	50,8	13	2	0,0	
—	1	0,25	29	63,5	52,4	12	3	1,9)	1,57
—	2	1,45	25	61,4	63	13	1,8	0,0	
—	2	1,30	25	50	47,6	10,5	3,2	0,0	
—	2	1	19	58,9	47,8	11,2	1	1,05	0,95
—	3	0,25	29	41,5	47,8	8,7	2,5	0,0	
—	4	0,30	27	36,5	38,4	7,6	3	0,0	

Constantes....
Volume d'eau distillée............	100 c. c.
Poids de levure pressée..........	5 grammes.
Durée de l'expérience............	30 minutes.
Pression.......................	0,76.

Cette levure contenait pour cent de résidu sec 30,2 à 34,5.

La levure du levain de pain est, de toutes, la plus sensible à l'action de l'éther, puisque de faibles doses, 1, 2 c. c. %, ont suffi pour suspendre complètement le pouvoir respiratoire.

Le tableau suivant indique ces résultats :

	Quantité d'éther en c. c.	Durée d'action de l'éther.	Poids de levure en pâte.	Température.	Acide carbonique. dégagé.	Oxygène consommé.	Rapport CO²/0
Levure normale.			10	18	2	1,016	1,8
Éthérée.	2	4ʰ	10	18	1,2	0,677	1,7
—	2	0,45	6	18	2	0,0	
—	2	0,45	7	18	2	0,0	

	Durée du courant éthéré.						
Levure normale.			10	18	2,3	1,81	1,27
Éthérée.	4,25		10	18	3	0,0	
—	2,30		10	19	4	0,0	
—	2,30		10	23	2	0,0	
—	15		10	35	3,2	0,0	

Constantes....
Volume d'eau distillée............	150 c. c.
Durée de l'expérience............	30 minutes.
Pression.......................	0,76.

Cette levure contenait pour cent de résidu sec 58,6 à 59,4.

L'action de l'éther est la même sur les levures lorsqu'on fait barboter de l'air éthéré dans un liquide contenant de la levûre en suspension. On obtient ainsi plus vite et plus facilement la suspension des phénoménes respiratoires, seulement il est impossible de connaître exactement les doses d'éther nécessaires.

B. INFLUENCE DU CHLOROFORME SUR L'ACTIVITÉ RESPIRATOIRE DES LEVURES.

Comme l'éther, le chloroforme à dose modérée a pour action de diminuer l'activité de la fonction respiratoire.

En effet, nous avons soumis un poids connu de levure en pâte fraîche, jeune, à l'action d'une solution d'eau distillée chloroformée (1 c. c. pour 2,000 c. c.[1]). A l'aide du moteur hydraulique, nous avons maintenu par une agitation constante la levure en suspension dans le liquide; nous l'abandonnons ensuite pendant qu'elle filtre, dans une étuve dont la température varie de 10 à 20″. Réduite en pâte, la levure est soumise à l'action de la presse. Une partie est délayée dans l'eau distillée et préparée pour déterminer son pouvoir respiratoire.

L'expérience comparative a été faite dans les mêmes conditions, c'est-à-dire que la levure du même échantillon a été agitée dans une solution d'eau distillée, et non chloroformée, a filtré dans la même étuve et a été soumise aux mêmes préparations expérimentales.

Le tableau suivant indique les résultats d'un certain nombre d'expériences.

---

1. A l'aide d'un moteur hydraulique, l'eau, constamment agitée, finit par être saturée de chloroforme.

	Durée d'action.	Inter-valle.	Tempé-rature.	Air sans CO² avant.	Volume gazeux après.			Oxygène consommé.	Rapport $\frac{CO^2}{0}$
					Azote.	Oxygène.	Ac. carb.		
Levure normale			30	64,5	51,8	8,6	5	4,8	1,04
Levure chloroformée.	24	26	30	73,7	58	11,4	4	3,9	1,02
—	—	2	20	31	87,5	69	15,6	3,4	2,02	1,68
—	—	3	9	30	86,7	69,5	15,8	5	2,2	2,27
—	—	16	3	29	87,3	69,2	15	4,8	3,15	1,5
—	—	20	3	31	96,4	76,5	19	2	1,07	1,8
—	—	2	21	31	92,5	73,4	16	4	3,1	1,29
—	—	1	2	32	69,7	55,8	14	4,6	0,39	1,18

Constantes....
{
Volume d'eau distillée............ 100 c. c.
Poids de levure pressée.......... 5 grammes.
Durée de l'expérience............ 30 minutes.
Pression. .... 0,76.
}

Cette levure contenait pour cent de résidu sec 25,43.

Toutes ces manipulations exigent assez de temps pour que la cellule puisse perdre une grande partie des vapeurs de chloroforme ; pourtant, malgré ce long intervalle, la cellule n'a pas encore recouvré tout son pouvoir respiratoire.

De cette manière, malgré la durée d'action de l'agent anesthésique, nous ne sommes pas arrivés à l'anesthésie complète.

Ces mêmes considérations s'appliquent aux autres levures. Il nous suffira de rappeler que, pour le chloroforme comme pour l'éther, les levures de bière inférieure, de grains et de pain sont plus sensibles, dans le même rapport, à l'action anesthésique.

Comme l'éther, le chloroforme à forte dose a pour action de suspendre complètement le pouvoir respiratoire.

Nous sommes arrivés à ce résultat par le procédé suivant :

A l'aide de la trompe, et pendant qu'au moyen du moteur hydraulique nous tenons en suspension, dans l'eau distillée, les globules de levure, nous faisons passer un courant d'air saturé de vapeurs de chloroforme.

Après un intervalle variable, nous soumettons la levure à l'expérience.

	Durée du courant d'air saturé.	Intervalle.	Température.	Air sans CO_2, avant.	Volume gazeux après.			Oxygène consommé.	Rapport $\frac{CO_2}{O}$
					Azote.	Oxygène.	Ac. carb.		
Levure normale......			30	71,2	58	10,4	5	3,8	1,34
Levure chloroformée.	2ʰ	21ʰ	30	59,6	43,2	12,6	2	0,0	»
— —	2	20	30	70,6	57	15	0,8	0,0	»
— —	3	18	30	70,6	58	15	2	0,0	»
— —	1	2	31	69,7	55,8	14	4	0,39	10,25

Constantes....
{
Volume d'eau distillée. .... 100 c. c.
Poids de levure pressée.......... 5 grammes.
Durée de l'expérience............ 30 minutes.
Pression........................ 0,76.
}

La levure de bière inférieure a éprouvé les mêmes modifications que la levure de bière supérieure, et montré une sensibilité plus grande.

	Durée du courant.	Intervalle.	Température.	Air sans CO_2, avant.	Volume gazeux après.			Oxygène consommé.	Rapport $\frac{CO_2}{O}$
					Azote.	Oxygène.	Ac. carb.		
Levure normale....			17	73,5	59,6	13,4	3	1,8	1,66
Levure chloroformée	0ʰ05ᵐ	0ʰ05ᵐ	17	70,4	58	14	1	0,6	1,66
— —	0,15	0,15	17	73,4	59,8	15,2	2	0,8	2,5
— —	0,25	0,15	17	82,4	67	17	1	0,16	6,25
— —	0,30	0,30	18	71,1	58,2	14	2	0,78	2,56
— —	0,45	0,45	17	86	69,4	17,4	0,4	0,48	0,83
— —	1,20	2	16	71,5	58,2	14,9	0,3	0,0	»
— —	2,30	23	30	59,8	49,6	11,8	0,2	0,0	»

Constantes....
{
Volume d'eau distillée............ 100 c. c.
Poids de levure pressée.......... 5 grammes.
Durée de l'expérience............ 30 minutes.
Pression........................ 0,76.
}

Cette levure contenait pour cent de résidu sec de 28 à 32,6.

La levure de grains a montré la même sensibilité que la levure de bière inférieure. La marche de ce phénomène ne présentant rien de particulier, nous avons pensé qu'il n'était pas indispensable de répéter le tableau des résultats obtenus, parce qu'ils sont identiques aux résultats indiqués dans le tableau précédent.

Les cellules du ferment panaire sont de toutes les cellules étudiées celles qui ont montré la plus grande sensibilité aux agents anesthésiques.

	Durée d'action du courant.	Inter- valle.	Pression.	Tempéra- ture.	Acide carbonique dégagé.	Oxygène consommé.	Rapport $\dfrac{CO^2}{0}$
Levure normale......			75,6	19	3	1,23	2,4
Levure chloroformée.	1ʰ	2ʰ	75,6	19	2	0,2	10
—	—	2,30	1	75,6	18	0,2	0,0	»
—	—	4	10	75,4	18	0,4	0,23	1,74
—	—	15	10	75,2	18	0,0	0,0	»

Constantes.... {
Volume d'eau distillée............ 100 c. c.
Poids de levure en pâte.......... 10 grammes.
Durée de l'expérience............ 30 minutes.

Cette levure contenait pour cent de résidu sec 58.

3° Le chloroforme n'a pas pour action de tuer le végétal dans les mêmes conditions où il suspend la fonction respiratoire.

En effet, après chaque expérience, la levure a été mise en présence d'une dissolution de glucose; toujours, après un temps plus ou moins long suivant la durée d'action du chloroforme, nous avons pu constater la fermentation.

De plus, si on a le soin de la débarrasser des vapeurs de chloroforme et de vérifier son pouvoir respiratoire, on constate que les cellules ont recouvré la propriété d'absorber l'oxygène et de dégager l'acide carbonique. Seulement, si on n'intervient pas pour aider la cellule à chasser les vapeurs de chloroforme, la cellule reste plus longtemps dans le sommeil anesthésique. Ce temps est proportionnel à la durée d'action du courant modificateur.

Ces modifications dans la fonction entraînent, comme on va le voir, des modifications dans l'état physico-chimique de la cellule, et ajoutons que, bien que passagères, elles finissent par amener la mort de l'élément, si on les reproduit successivement un certain nombre de fois. Cela peut s'appliquer à tous les agents modificateurs étudiés.

LEVURES DE BIÈRE SUPÉRIEURE

Fig. 6.

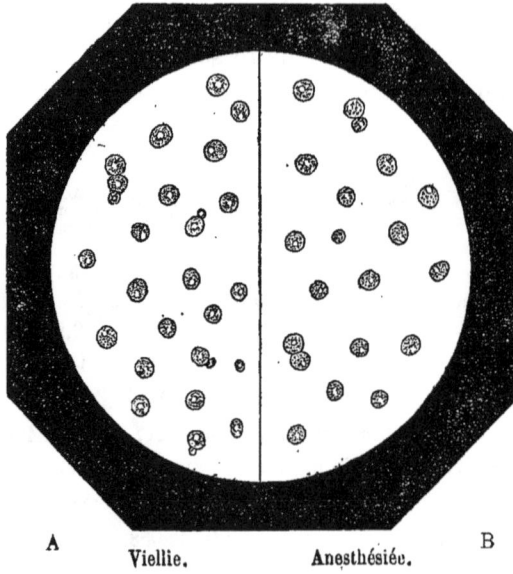

A — Viellie.   Anesthésiéu. — B

LEVURE DE BIÈRE INFÉRIEURE

Fig. 7.

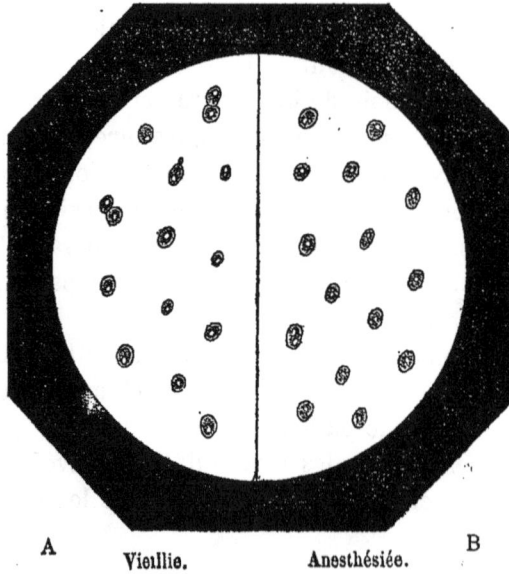

A — Vieillie.   Anesthésiée. — B

Cette altération résulte de ce que l'élément n'a pas le temps de se reconstituer dans les intervalles de repos, ou même parce qu'il ne peut pas se reconstituer.

C. ALTÉRATIONS PRODUITES DANS LES LEVURES PAR L'ACTION DES AGENTS ANESTHÉSIQUES

Nous venons de dire que les modifications de la fonction respiratoire des cellules de levure provoquées par les agents anesthésiques sont accompagnées de changements dans leur état histologique.

En effet, lorsqu'on examine attentivement et par comparaison ces différentes cellules, on est frappé de la différence d'aspect.

Elle porte surtout sur le contenu cellulaire. Les globules de levure normale paraissent en pleine activité de bourgeonnement, riches en éléments nutritifs, et comme gorgés de suc cellulaire. L'aspect de plénitude du globule frappe l'attention. Les contours de la cellule sont nettement dessinés, et la ligne qui représente la membrane d'enveloppe est mince; la vacuole apparaît distinctement au sein du liquide dont les granulations sont peu apparentes. (*Fig.* 1, 2, 3, A.)

Les cellules de levure anesthésiée présentent au contraire un aspect de vacuité, de maigreur, si on peut s'exprimer ainsi, caractéristique. La ligne d'enveloppe est plus marquée et même un peu déformée. Le contenu est plus transparent, plus clair, et au sein de ce liquide, moins riche en suc nutritif, apparaissent, sous forme de points noirs, les granulations protoplasmiques. (*Fig.* 6, B; *fig.* 7, B.)

On pourrait assez bien comparer l'aspect que présentent ces globules à l'aspect de cellules de levure ayant supporté une abstinence prolongée et ayant séjourné longtemps au sein d'un liquide peu nutritif. (*Fig.* 6, A; *fig.* 7, A.)

Ainsi donc, la suspension de la fonction respiratoire est liée à un changement de l'état anatomique de l'être monocellulaire.

Nous devons nous demander en quoi consiste cette modification. Claude Bernard en donne une explication satisfaisante lorsqu'il dit : « Toutes les actions produites sur un élément anatomique, de quel-

que ordre qu'elles soient, ne peuvent avoir lieu que par une modification physique ou chimique de cet élément. Nous ne pouvons plus
admettre aujourd'hui des actions mystérieuses, que nous désigne-
rions du nom de *vitales*. Pour un certain nombre d'actions toxiques, nous sommes parvenus à déterminer nettement le phénomène
physique ou chimique qui constitue la cause de cette action. Nous
ne sommes pas aussi avancés pour l'action des anesthésiques. A nos
yeux, cette action consisterait en une *semi-coagulation* de la substance nerveuse, coagulation qui ne serait pas définitive, c'est-à-dire
que la substance de l'élément anatomique pourrait revenir à son
état primitif, normal, après élimination de l'agent toxique. »

Et plus loin, il continue : « L'éther et le chloroforme n'agissent
pas seulement sur les éléments sensibles (*Cours de physiologie générale au Muséum*, 1873); mais il porte son action sur tous les
tissus, sur le *protoplasme cellulaire*, en coagulant leur substance. »

Et voici comment l'éminent physiologiste explique cette pensée :
« Dans l'état physiologique les tissus et les éléments des tissus ne
peuvent manifester leur activité que dans des conditions d'humidité
et de semi-fluidité spéciales de leur matière. Pendant la vie, la
substance musculaire est semi-fluide ; si cet état physique cesse
d'exister, s'il y a *coagulation,* la fonction se suspend : comme, par
exemple, si l'eau vient à se congeler, ses propriétés mécaniques
cessent jusqu'à ce que l'état fluide revienne. »

On savait déjà que la soustraction de l'eau amène chez les infusoires et les rotifères un état de mort apparente qui peut être lon-
guement prolongé.

D'après Claude Bernard, la cause de ces changements de l'élément anatomique serait la coagulation de la substance organisée, et
le phénomène physique serait une perte d'eau.

Tout récemment, M. le docteur Dubois, préparateur du laboratoire de physiologie à la Sorbonne, a appelé l'attention des physiologistes sur l'action des vapeurs d'éther, d'alcool, de chloroforme
sur la substance organisée.

Il a établi :

1° Que les vapeurs d'alcool, d'éther et de chloroforme produisent, sur le parenchyme des fruits soumis à leur action, des modifications analogues;

2° Que les fruits subissent une perte de poids;

3° Que cette perte de poids est occasionnée principalement par la sortie d'une certaine quantité d'*eau de végétation*, probablement par voie d'exosmose;

4° Que dans les tissus animaux on observe non seulement *une perte d'eau*, mais encore des modifications chimiques peu étudiées.

Ainsi donc, d'après M. le docteur Dubois, la cause de ces modifications serait due à une perte d'eau de végétation par voie d'exosmose et à des modifications chimiques peu étudiées. Il a même pu démontrer expérimentalement cette perte d'eau.

Ainsi, en opérant principalement sur des plantes de la famille des *Crassulacées* et surtout sur l'*Echeveria glabra,* M. Dubois a pu obtenir, par les vapeurs de chloroforme, une action déshydratante assez rapide pour que l'expérience puisse être répétée dans un cours, et assez évidente pour que le résultat puisse être fixé par la photographie.

« Il a pris deux individus de cette espèce : l'un d'eux a été placé sous une cloche au-dessus d'un cristallisoir contenant du chloroforme, l'autre sous une cloche d'égale dimension ne contenant que de l'air. Au bout de peu de temps, des diverses parties de la plante soumise à l'action des vapeurs de chloroforme, on a vu sortir des gouttelettes comparables à celles de la rosée. Le nombre et le volume de ces gouttelettes allait en augmentant de plus en plus, et au fur et à mesure que l'eau sortait du tissu de la plante, chassée par la vapeur anesthésique, la feuille s'affaissait sur elle-même et s'inclinait, ainsi qu'il arrive après une nuit de gelée. On obtient des résultats tout à fait identiques avec les vapeurs d'éther et d'alcool, mais moins rapidement. Les pesées ont montré que l'eau éliminée ainsi était remplacée par une certaine quantité de chloroforme, d'éther, variable pour chaque agent ! »

Ces explications, qui ont été publiées durant le cours de notre travail, sont conformes à notre manière d'interpréter l'aspect différent que présentent les globules de levure, et nous satisfont pleinement.

En effet, l'aspect plus clair, plus transparent du contenu cellulaire, l'aspect creux de la cellule, plus vide, peut bien résulter, sans doute, de la sortie par voie d'exosmose d'une partie de l'eau de végétation. (C. Bernard et M. le docteur Dubois[1].)

L'autre phénomène, qui se traduit par l'apparition plus nette des granulations du protoplasma, ne pourrait-il pas être le résultat de la contraction des granules de la substance organisée, dont la désagrégation aurait été opérée par le fait même des échanges liquides?

Nous attribuons aux mêmes modifications intra-cellulaires les phénomènes présentés par les levures qui ont subi l'action de la température élevée ou du froid.

« En effet, dit Claude Bernard, les expériences physiologiques faites sur les fibres musculaires montrent que si la température s'élève, la contractilité disparaît. Le froid produit un effet analogue. Lorsque l'abaissement de la température est assez considérable et se produit graduellement, on voit graduellement aussi s'atténuer le phénomène de contractilité. En résumé, le froid, la chaleur, les agents chimiques et traumatiques, susceptibles de modifier les substances dites *sensibles,* modifient parallèlement les fonctions, ou les phénomènes ne sont jamais modifiés sans que la substance le soit, de sorte que jamais la propriété vitale de sensibilité n'apparaît isolée ; au fond, elle n'est qu'un complexus des propriétés physiques. »

Nous sommes heureux de pouvoir faire remarquer que les résultats que nous avons obtenus par l'étude d'une fonction aussi importante que la respiration des êtres unicellulaires sont une confirmation éclatante de cette idée générale, suggérée à Claude Bernard par l'influence des conditions physico-chimiques sur les propriétés des tissus animaux et végétaux.

1. Société de Biologie, 25 octobre 1884; R. Dubois.

TROISIÈME PARTIE

ANALOGIES DES PHÉNOMÈNES RESPIRATOIRES DES LEVURES AVEC LES PHÉNOMÈNES RESPIRATOIRES DES ÉLÉMENTS ANATOMIQUES.

La fonction de la respiration est une fonction générale, universelle. Tous les êtres ont besoin d'oxygène libre ou dissous, libre ou combiné; l'oxygène est le *pabulum vitæ*.

Depuis Priestley et Lavoisier, il est démontré que les animaux placés dans l'air atmosphérique absorbent l'oxygène et dégagent de l'acide carbonique. La démonstration expérimentale en a été faite par Spallanzani, pour les animaux.

Par ses travaux classiques, Garreau[1] a fait disparaître la confusion qui régnait dans la physiologie végétale, au sujet de la respiration diurne et nocturne; et par ses élégantes démonstrations, il a fait connaître que la respiration de la plante était semblable à la respiration de l'animal.

Il en est de même des parties constitutives de l'être tout entier. En effet, les fragments de tige, feuilles, racines, bourgeons, fleurs, fruits, bulbes et les parties de ces parties possèdent la propriété d'absorber l'oxygène et de dégager l'acide carbonique.

1. *Ann S. Nat.*, 3ᵉ série, t. XV, p. 5, 1850.

Pour s'en assurer, il suffit de répéter les expériences de Priestley, Meyer, Dutrochet, de Saussure, Knop, Askenasy, C. Bernard, et de tous les physiologistes qui ont contribué, à l'étude des phénomènes de la respiration.

La respiration est plus facile à mettre en évidence lorsque, à l'exemple de MM. Van Tighem et Bonnier[1], on étudie les végétaux sans chlorophylle. De même l'étude des levures dans les conditions que nous avons fait connaître permet de constater facilement l'absorption d'oxygène et le dégagement d'acide carbonique, car le phénomène respiratoire n'est point masqué par d'autres.

C'est encore à Spallanzini que l'on doit la démonstration de la respiration des tissus animaux.

Les expériences de M. P. Bert sur les tissus respirant dans des atmosphères formées d'air libre et d'air dissous, de sang renfermant de l'air dissous ou combiné, ont mis en lumière l'acte intime, fondamental de la respiration, c'est-à-dire les échanges gazeux de la cellule organique plongée au sein des tissus.

Voici ces expériences[2] :

« Du sang artériel de chien est défibriné au contact de l'air, et par conséquent fortement chargé d'oxygène. Parties égales de ce sang sont alors transvasées dans des éprouvettes renversées sur le mercure. Une de ces éprouvettes est laissée intacte comme témoin; dans chacune des autres est introduite une même quantité de différents tissus frais, enlevés au même chien qu'on a tué par hémorragie, et coupés en petits morceaux.

« Après un certain temps de contact, le sang est recueilli, et l'oxygène qu'il contient encore en est extrait, puis analysé par la méthode de Claude Bernard, c'est-à-dire par déplacement à l'aide de l'oxyde de carbone.

« *Résultats.* — La quantité de sang était de 60 grammes ; celle des tissus (muscle, rate), de 46 grammes, pour chacun. Après quatre heures de contact, le sang dans lequel baigne le muscle est beaucoup

---

1. Ann. Sc. nat., 1884. *Recherches sur la respiration des végétaux sans chlorophylle.*
2. Leçons sur la respiration faites au Muséum d'histoire naturelle par M. P. Bert.

plus noir que celui où plongent les morceaux de rate, lequel est moins rouge que le sang resté comme témoin.

« Ces différences de couleur indiquent bien que l'oxygène a disparu ou tout au moins diminué du milieu sanguin, et a fait place à l'acide carbonique. »

En répétant quelques expériences de ce genre pour notre instruction, nous avons pu constater les mêmes phénomènes : absorption d'oxygène et dégagement d'acide carbonique.

N'y a-t-il pas entre ces phénomènes et la respiration de la levure une frappante analogie?

Les cellules, au sein d'un liquide aéré, finissent par en absorber complètement l'oxygène, qu'elles remplacent par de l'acide carbonique.

Supposons qu'au lieu d'eau distillée, le liquide soit du sang défibriné ou simplement une solution d'hémoglobine oxygénée, nous réalisons l'expérience de M. P. Bert. Que se passe-t-il? La cellule de levure enlève l'oxygène à l'hémoglobine, ainsi que nous l'avons démontré par nos observations spectroscopiques. L'hémoglobine est réduite.

Kuhne a montré depuis longtemps que les cellules à cils vibratiles réduisent l'hémoglobine oxygénée. Voici ce que nous traduisons dans la physiologie de Hermann.

« La première démonstration expérimentale du fait que la présence de l'oxygène est nécessaire au maintien du mouvement ciliaire a été fournie par Kuhne pour les cellules à cils vibratiles de l'anodonte. En remplaçant l'air atmosphérique dans la chambre humide par l'hydrogène pur, le mouvement cesse, pour reprendre bientôt lorsqu'il mélangeait à l'hydrogène de très petites quantités d'oxygène. Il l'a démontré au moyen du spectroscope. Il plaçait des cellules à cils vibratiles au milieu d'une solution d'hémoglobine oxygénée : les mouvements cessaient aussitôt que l'hémoglobine était réduite. Il en concluait que la présence d'oxygène libre ou faiblement combiné était nécessaire pour entretenir la vie des cellules[1]. »

---

1. Kuhne, *Ueber die Einfluss der Gaze auf die flimmerbewegung. Archiv. fur microscop. Anat.*, s. 372; 1866.

M. Pasteur, du reste, avait déjà constaté que « certains animalcules infusoires peuvent même vivre dans des solutions privées d'oxygène libre et dissous. Ils se procurent l'oxygène qui est nécessaire à leur existence en décomposant certaines substances oxygénées, pour s'emparer du gaz comburant. Les vibrioniens, qui transforment l'acide lactique en acide butyrique, sont dans ce cas. »

Les globules de levure jouissent aussi de cette faculté, et c'est même sur ce pouvoir de décomposition que reposent leur nutrition et leur propriété merveilleuse de dédoubler le sucre en alcool et acide carbonique.

Claude Bernard signale qu'un auteur américain, M. Huhson Fort, prétend avoir saisi la même faculté chez les éléments anatomiques des tissus animaux.

Cette activité nutritive nous amène à l'explication du dégagement d'acide carbonique dans le vide, par la levure délayée dans un liquide non nutritif.

Pouvait-on attribuer ce dégagement d'acide carbonique à un phénomène de putréfaction, alors que la levure, même fraîche, produisait de l'acide carbonique, et que, mise en présence d'une solution de glucose, elle était capable de se multiplier et de se reproduire ? Nous ne le pensons pas.

Il convient, selon nous, de le rapporter à un phénomène de nutrition qui se continue, dans ces conditions, aux dépens des réserves nutritives emmagasinées par la cellule pendant un long séjour au sein des liquides nutritifs.

Rappelons, à l'appui de cette opinion, que le dégagement d'acide carbonique dans le vide diminue à mesure que la cellule vieillit.

La nutrition, du reste, présente une série de transformations des principes nutritifs dont l'acide carbonique est le dernier terme.

Notre professeur et maître, M. Rouget, a bien voulu nous faire part de ses observations sur la digestion de la levure, et nous faire remarquer que, suivant les phases de la période nutritive, les cellules renfermaient, les unes du glycogène, d'autres du glycose, car l'amidon n'est pas utilisé sous sa forme actuelle et la levure a besoin de transformer en glucose, pour s'en nourrir, le sucre de canne avec lequel elle est mise en présence ; cette transformation a lieu au moyen du ferment inversif qu'elle fabrique. Enfin, le sucre est dédoublé en alcool et en acide carbonique. Voilà donc l'origine de l'acide carbonique.

Williams Edwards a fait voir que « les animaux dégagent de l'acide carbonique dans l'hydrogène[1]. »

M. le Dr Gréhant à signalé dans son travail sur la respiration des poissons[2] le dégagement de l'acide carbonique en l'absence d'oxygène libre. Le poisson, selon lui, « a consommé l'oxygène presque en totalité; quant à l'acide carbonique, l'eau, après la respiration, contient 5 c. c. 3 en plus, c'est-à-dire un volume plus grand que celui de l'oxygène absorbé, qui n'a été que de 3 c. c. 6. Ce résultat peut tenir à ce que le poisson est placé dans un volume d'eau limité dont il enlève l'oxygène complètement; il se trouve donc, à une certaine période de l'expérience, dans les mêmes conditions qu'un animal placé dans de l'azote ou dans de l'hydrogène. »

Ainsi donc ce caractère (dégagement d'acide carbonique dans le vide) la levure le partage avec tous les autres tissus animaux ou végétaux, et il doit être rapporté à un acte de la nutrition ou autophagie.

Nous pensons qu'il est juste de rapporter à cette même cause les discordances que nous avons obtenues dans la détermination du rapport $\frac{CO^2}{O}$, car ainsi que nous l'avons vu, la vie de la levure ne subit pas d'interruption, même lorsqu'elle est privée d'oxygène, comme cela arrive, par exemple, pendant l'introduction du mélange gazeux et pendant l'extraction des gaz.

« Du reste, comme le dit M. P. Bert dans ses leçons sur la respiration, il n'y a pas grand chose à conclure de ces différences; cependant la remarquable et constante irrégularité dans la valeur du rapport $\frac{CO^2}{O}$ qui est tantôt plus grand, tantôt moindre que l'unité vient à l'appui de cette idée que l'oxygène consommé pendant la respiration des tissus n'est pas aussitôt employé à les brûler pour en dégager de l'eau, de l'acide carbonique; que ces produits,

1. *Agents physiques*, W. Edwards.
2. Thèse de doctorat ès sciences, 1870, Paris.

au contraire, lorsqu'ils existent, ne sont que la terminaison ultime de phénomènes à périodes probablement très longues. »

Le parallèle se poursuit lorsqu'il s'agit de l'influence de la température sur l'activité respiratoire de la levure et des éléments anatomiques, animaux et végétaux.

Chez les végétaux, il y a pour chaque organisme élémentaire ou complexe des limites de température entre lesquelles ses fonctions sont possibles. Mais entre ces limites même, il y a une température fixe où l'activité vitale est dans tout son plein, tandis qu'au-deçà et au-delà elle s'amoindrit progressivement.

Pour les tissus animaux, depuis Spallanzani, il est admis par tous les physiologistes que la vie des êtres n'est possible qu'entre certaines limites de température.

Cette même analogie, dont nous poursuivons la démonstration, se remarque si l'on compare les phénomènes présentés par les éléments anatomiques végétaux ou animaux soumis à l'influence des pressions inférieures à la pression atmosphérique.

Nous rappellerons les mémorables expériences de M. P. Bert sur l'influence des pressions sur la vie des êtres en général, sur la germination et la végétation en particulier. « La germination, d'après le savant professeur, se fait avec d'autant moins d'énergie et de rapidité que la pression est plus faible; enfin elle se suspend complètement lorsque la tension de l'oxygène descend au-dessous de 12 centimètres[1]. »

Nous avons vu que les levures sont sensibles à la diminution de pression : nous en avons la preuve dans les résultats obtenus, diminution d'abord, suspension ensuite de la fonction respiratoire.

Quant aux phénomènes d'anesthésie observés sur les levures après l'action de l'éther et du chloroforme, nous n'avons rien à ajouter à ce que nous avons déjà signalé. Ces agents portant leur action sur le protoplasma, il en résulte que les phénomènes constatés chez les végétaux levuriens sont comparables aux phénomènes que nous connaissons depuis les travaux des savants, et surtout de Claude Bernard, « phénomènes d'anesthésie du protoplasma dans les fonc-

1. Pression barométrique.

tions de nutrition, de développement, de fermentation et de germination chez les animaux et les végétaux[1]. »

Conclusions générales.

On est convenu de regarder les levures comme des champignons du genre *Saccharomyces*. On soupçonnait plutôt qu'on n'avait démontré leur respiration, jusqu'à ce que M. Schutzenberger eût fait connaître la propriété d'absorber l'oxygène par la levure de bière supérieure.

Pour dissiper les doutes qui pouvaient encore subsister, nous avons tâché de mettre pleinement en lumière le double phénomène de la respiration, c'est-à-dire l'absorption d'oxygène et le dégagement d'acide carbonique.

Après avoir exposé, au point de vue morphologique et physiologique, les caractères différentiels de quelques levures pouvant être considérées comme types, et avoir fait connaître notre procédé d'expérimentation, nous avons abordé l'étude de leur activité respiratoire.

1° Cette activité s'exerçant dans les conditions normales, nous en avons déterminé pour chaque levure l'intensité propre.

2° Nous avons étudié l'influence de la température. Pour les levures comme pour les êtres supérieurs, animaux ou végétaux, ainsi que pour les éléments des tissus, il y a un maximum de température qui convient le mieux à la fonction de la respiration, comme il y en a un pour la fermentation; en deçà et au delà de ce maximum les phénomènes respiratoires sont diminués ou complètement suspendus.

3° Nous avons noté ensuite :

L'influence des pressions inférieures à une atmosphère et celle des agents anesthésiques.

La levure respire moins activement à mesure que la pression diminue, elle finit même par ne plus absorber l'oxygène libre lorsque

1. Leçons sur les phénomènes de la vie, communs aux animaux et végétaux.

la tension en est trop faible et varie entre 3 à 5 centimètres. Toutefois, la cellule continue à vivre, mais d'une vie comparable à celle des végétaux ou animaux placés dans un gaz impropre à la respiration, et qui présente les phénomènes signalés par MM. Lechartier et Bellamy chez les cellules de fruit, c'est à dire une véritable nutrition intime, une sorte de vie continuée aux dépens des richesses emmagasinées dans le protoplasma cellulaire.

Les agents anesthésiques, éther et chloroforme, agissent dans le même sens sur l'activité respiratoire : ils diminuent d'abord et suspendent ensuite la fonction respiratoire. Le chloroforme est le plus actif.

4º L'examen microscopique nous a révélé, après l'action des anesthésiques, une double modification dans le contenu de la cellule : une perte d'eau que nous croyons pouvoir attribuer à la sortie, par voie d'exosmose, d'une partie de l'eau de végétation (C. Bernard et M. le Dr Dubois), et l'apparition plus nette des granulations protoplasmiques, due peut-être à une contraction du protoplasma.

5º En terminant, nous avons essayé de marquer les analogies qu'offrent les phénomènes respiratoires des levures avec les phénomènes de même ordre dont les éléments anatomiques végétaux ou animaux sont le siège.

BIBLIOGRAPHIE

ROBIN. — *Journal de l'anatomie et physiologie* (1875). A. art. Organe, *Dictionnaire des sciences médicales.*

SCHUTZENBERGER. — *Des fermentations* (1878).

PASTEUR. — Mémoire sur la fermentation alcoolique; études sur la bière.

DUCLAUX. — *Encyclopédie chimique; Microbiologie.*

ENGEL. — Thèse de doctorat ès sciences (1873, Paris).

BERT (P.). — Pression barométrique. Leçons sur la respiration faites au Muséum d'histoire naturelle (1870).

FAUCONPRET (Félix DE). — Recherches sur la respiration des végétaux (1864).

RISCHAVI. — Bot. Jahrs (1877).

SACHS. — Traité de botanique.

EDWARDS (Williams). — Agents physiques.

VAN TIGHEM et BONNIER (*loco cit.*).

DUBOIS (R.) — Comptes rendus de la société de biologie (janvier 1883-84).

BERNARD (C.). — Leçons sur les phénomènes de la vie communs aux animaux et végétaux.

GRÉHANT. — Thèse de doctorat ès sciences. (Paris, 1870.)

Ce travail a été fait au Muséum d'histoire naturelle, dans le laboratoire de physiologie générale, sous la direction de M. le professeur Charles Rouget.

TABLE DES MATIÈRES

Toulouse, imprimerie DOULADOURE-PRIVAT, rue Saint-Rome, 39. — 73

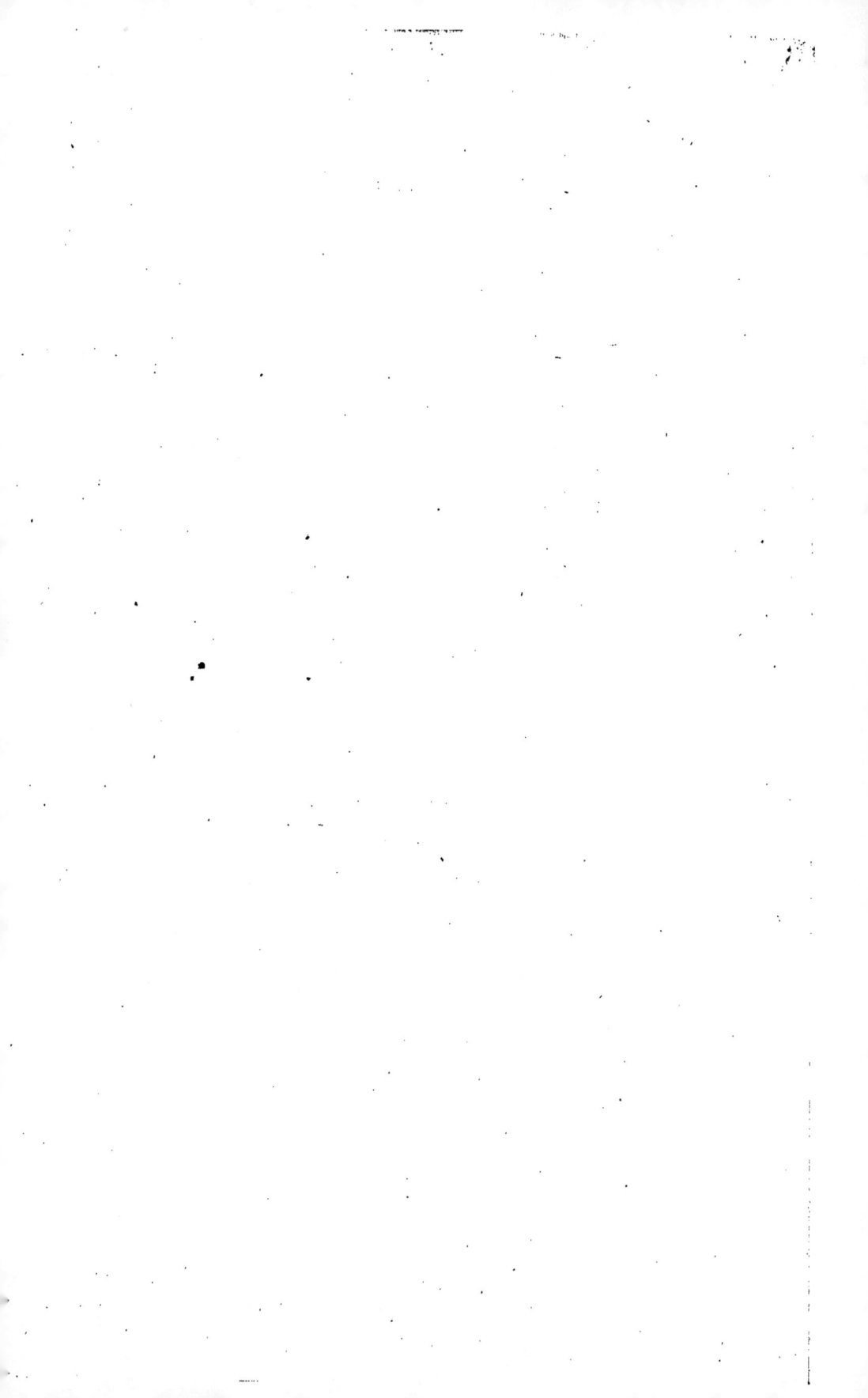

www.ingramcontent.com/pod-product-compliance
Lightning Source LLC
Chambersburg PA
CBHW050624210326
41521CB00008B/1376